Lambacher Schweizer 9

Mathematik für Gymnasien

Ausgabe A

Arbeitsheft

AF862749

herausgegeben von Matthias Janssen

erarbeitet von
Oliver Blinn, Jürgen Frink, Petra Hillebrand, Matthias Janssen, Klaus-Peter Jungmann,
Karen Kaps, Michael Kölle, Tanja Sawatzki, Uwe Schumacher

Ernst Klett Verlag
Stuttgart · Leipzig

Liebe Schülerinnen und Schüler,

auf dieser Seite stellen wir euch euer Arbeitsheft für die 9. Klasse vor.

Die Kapitel und das Lösungsheft
In den einzelnen Kapiteln des Arbeitshefts werden alle Themen aus eurem Mathematikunterricht behandelt. Wir haben versucht, viele interessante und abwechslungsreiche Aufgaben zusammenzustellen, die euch beim Lernen weiterhelfen werden.
Alle Lösungen zu den Aufgaben stehen im Lösungsheft, das in der Mitte eingeheftet ist und sich leicht herausnehmen lässt.

Basiswissen
Wichtige Themen aus Klasse 8 werden hier wiederholt und nochmals geübt. Diese Seiten könnt ihr zum Einstieg bearbeiten oder erst dann, wenn ihr merkt, dass ihr z. B. eine Auffrischung zu Termen und Gleichungen gut gebrauchen könnt.

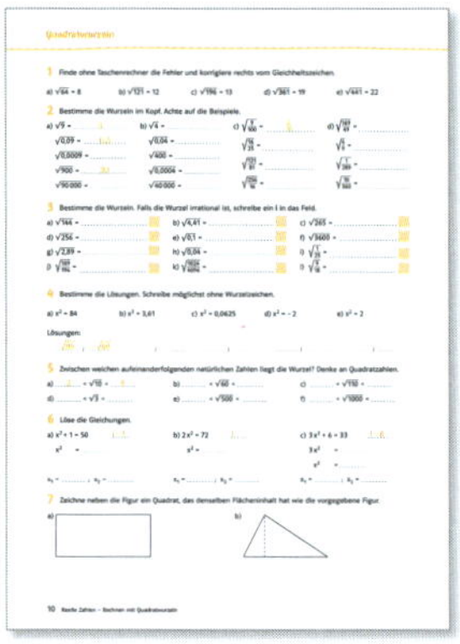

Übungsblätter
Zu allen wichtigen Bereichen der 9. Klasse findet ihr hier viele verschiedene Übungen. Damit ihr seht, wie eine Aufgabe gemeint ist, haben wir an einigen Stellen schon einen Aufgabenteil gelöst (orange Schreibschrift). Eure Antworten schreibt ihr auf die vorgegebenen Linien ______________ oder in die farbigen Kästchen ▭.
Manchmal braucht ihr einen Zettel für Nebenrechnungen. An manchen Aufgaben findet ihr Nummern, z. B. [T1]. Falls ihr Schwierigkeiten haben solltet, für die gekennzeichnete Aufgabe einen Lösungsansatz zu finden, könnt ihr den entsprechend nummerierten Tipp am unteren Seitenrand durchlesen und dann weiterarbeiten. Damit diese Tipps nicht unbeabsichtigt gelesen werden können, haben wir sie auf den Kopf gestellt.

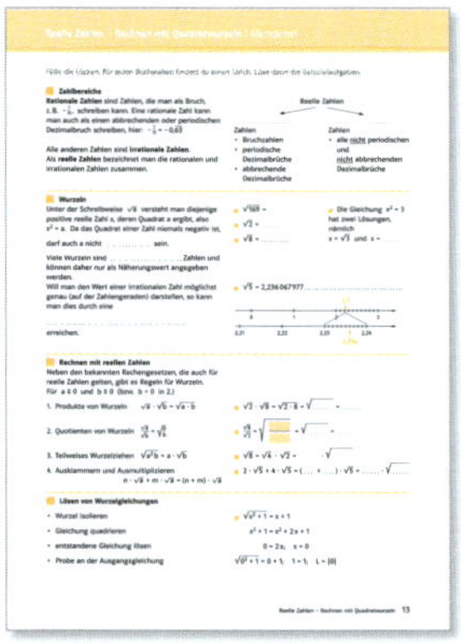

Merkzettel befinden sich am Ende von jedem Kapitel. Dort stehen alle wichtigen Regeln und Begriffe, die das Kapitel enthält. Damit ihr euch diese Begriffe leichter und auch dauerhaft merken könnt, sollt ihr auch diese Blätter selbst bearbeiten und lösen.

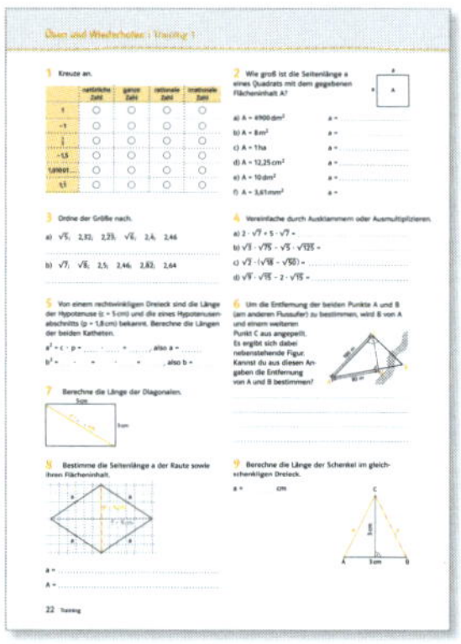

Training: Üben und Wiederholen.
Die drei Trainingseinheiten im Heft wiederholen den neuen und auch den schon etwas älteren Stoff. Hier findet ihr Aufgaben zu allen davor liegenden Kapiteln.

Der Wissensspeicher und das Register
Wisst ihr nicht, was ein Begriff bedeutet? Oder sucht ihr Übungen zu einem bestimmten Thema? Hier hilft das Register auf der letzten Seite. Alle mathematischen Begriffe der 9. Klasse könnt ihr dort nachschlagen. Von dort werdet ihr auf die Seite verwiesen, auf der ihr eine Erklärung des Begriffs findet.
Probiert es am besten gleich aus: Auf welcher Seite wird „Der Satz des Pythagoras" erklärt? __________

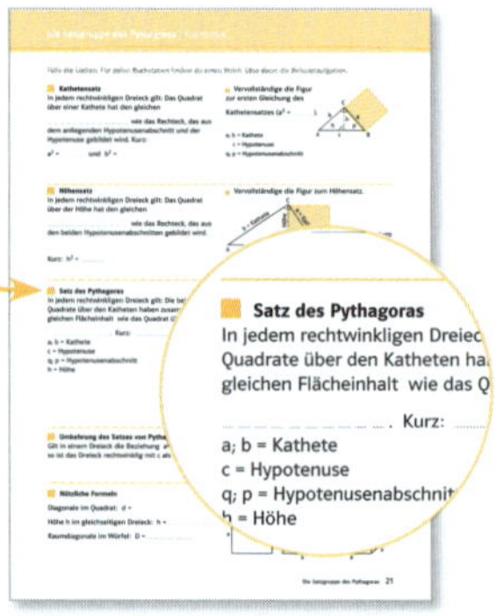

Nun kann es losgehen. Wir wünschen euch viel Spaß und Erfolg beim Lösen der Aufgaben.

Euer Autorenteam

1 a) Bestimme den Wert für $x = 4$ und $y = 7$.

Term	$x^2 - 2yx + y^2$	$x^2 + 2yx + y^2$	$(2x - 3y)(2x + 3y)$
Wert des Terms			

b) Anna hat sich bei dem dritten Term verrechnet. Korrigiere.
$(2x - 3y)(2x + 3y) = 2 \cdot x^2 - 3 \cdot y^2 = 2 \cdot 16 - 3 \cdot 49 = -115$

______

2 Benutze die binomischen Formeln.

a) $(3a - 4b)^2 = 9a^2 -$ ______

b) $(2x + 4y)^2 =$ ______

c) $(u - 2v^2)^2 =$ ______

d) $(2x - 3y)(2x + 3y) =$ ______

e) $(-2a - 2{,}5b)^2 =$ ______

3 Ergänze zu einer binomischen Formel.

a) $16x^2 + 24yx +$ ____ $=($ ____ $+$ ____ $)^2$

b) ____ $- 6u +$ ____ $= (u -$ ____ $)^2$

c) $25x^2 +$ ____ $+ 49 = ($ ____ $+$ ____ $)^2$

d) $169x^2 -$ ____ $= ($ ____ $)($ ____ $+16)$

e) $144x^2 -$ ____ $+ 121 =$ ______

4 Bestimme die Lösungsmenge.

a) $3(2x - 5) = 12(2x - 3) - 15$ | ____

$6x -$ ____ $=$ ____ $- 36 - 15$ | ____

____ $=$ ____ | ____

____ $=$ ____ | ____

$x =$ ____

b) $(x - 3)(x - 2) = (x + 2)^2$ | ____

____ $=$ ____ | ____

____ $=$ ____ | ____

____ $=$ ____ | ____

$x =$ ____

c) $x^2 + 4x - 3x^2 = 5x^2 + 3x - 4x^2$ | ____

____ $= 0$ | ____

____ $\cdot x^2 +$ ____ $\cdot x = 0$ | ____

____ $= 0$ | ____

$x_1 =$ ____ und $x_2 =$ ____

5 In einem Dreieck ist die Grundseite g gegeben. Die Höhe h ist 3 cm größer als g. Vergrößert man jetzt g um 2 cm und verkürzt h um 3 cm, so verringert sich der Flächeninhalt A um 5 cm². Wie groß müssen g und h gewesen sein?

$g_{alt} =$ ______

$g_{neu} =$ ______

$h_{alt} =$ ______

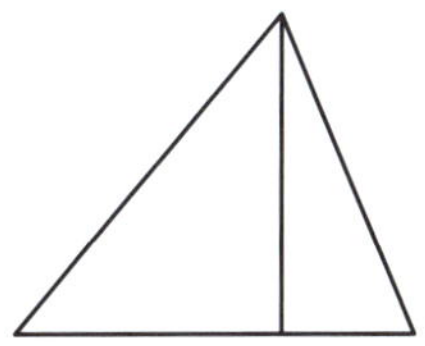

$h_{neu} =$ ______

$A_{alt} =$ ______

$A_{neu} =$ ______

______

______

______

______

Somit waren $g =$ ____ und $h =$ ____ .

6 Gegeben ist die folgende Figur. Bestimme jeweils einen Term für Umfang und Flächeninhalt. Vereinfache die Terme so weit wie möglich.

U = ______

______

______

A = ______

______

______

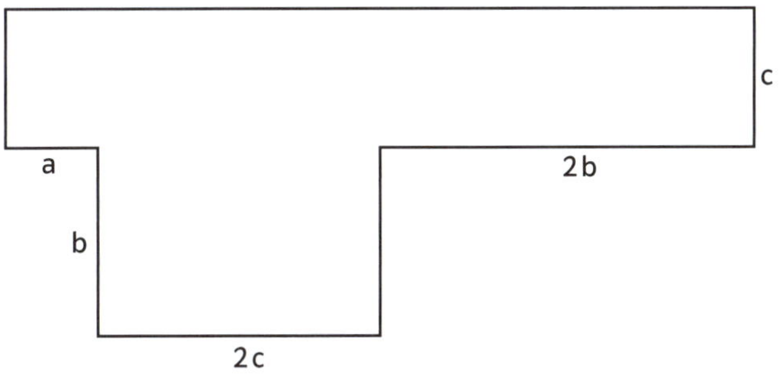

1 Wandle in die nächstkleinere und die nächstgrößere Flächeneinheit um.

a) ______ = 2350 a = ______

b) ______ = 0,4 dm^2 = ______

c) ______ = 1200 ha = ______

d) ______ = 923 cm^2 = ______

e) ______ = 1420 m^2 = ______

2 Wandle in die angegebenen Volumeneinheiten um.

a) ______ km^3 = 2590 m^3 = ______ dm^3

b) ______ l = 120 cl = ______ ml

c) ______ l = 1203 dm^3 = ______ ml

d) ______ dm^3 = 0,2 cm^3 = ______ mm^3

e) ______ l = 750 cm^3 = ______ mm^3

3 Ein quaderförmiges Schwimmbecken hat eine Länge von 50 m, eine Breite von 20 m und eine Tiefe von 1,80 m.

a) Die Pumpen schaffen 20 l pro Sekunde. Wie lange brauchen die Pumpen, um das Becken komplett zu füllen?

______

______

______

______

Flächen	Volumen
1 km^2 = 100 ha	1 hl = 100 l
1 ha = 100 a	1 l = 100 cl = 1000 ml
1 a = 100 m^2	
1 m^2 = 100 dm^2	1 km^3 = 1 000 000 000 m^3
1 dm^2 = 100 cm^2	1 m^3 = 1000 dm^3
1 cm^2 = 100 mm^2	1 dm^3 = 1000 cm^3 = 1 l
	1 cm^3 = 1000 mm^3

b) Nach einer Reparatur ist das Schwimmbecken 1,10 m hoch gefüllt. Wie viel Liter Wasser muss man noch einfüllen, damit das Becken randvoll gefüllt ist? Wie lange braucht die Pumpe für diese Menge?

______

______

4 Zeichne das Netz des Körpers. Berechne das Volumen und die Oberfläche. Achte auf die Maßeinheiten. Eine Grundfläche ist schon gezeichnet.

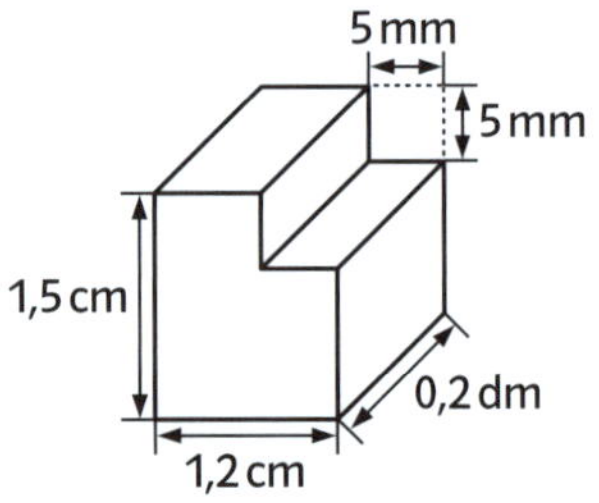

______

______

______

______

______

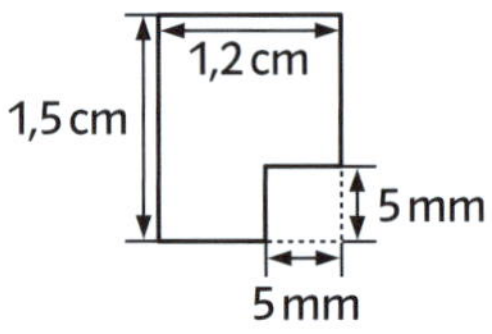

5 Ein Zylinder hat den Durchmesser 7 dm und eine Höhe von 17 cm.

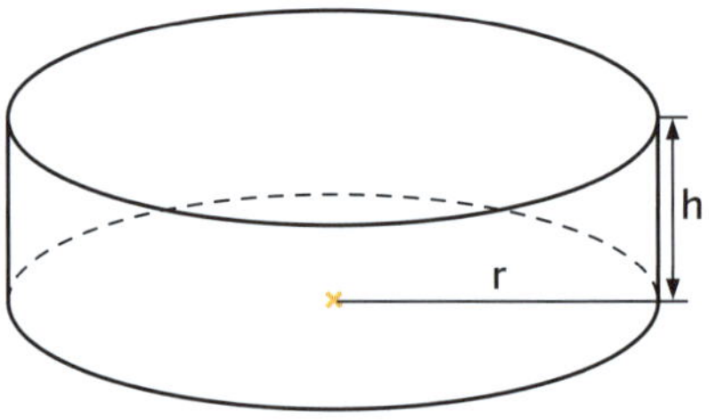

a) Berechne die Grund-, Mantel- und Oberfläche. Achte auf die Einheiten.

G = ______ dm^2 = ______ cm^2

M = ______ dm^2 = ______ cm^2

O = ______ dm^2 = ______ cm^2

b) Kreuze die richtigen Aussagen an.

- ☐ Verdoppelt man den Durchmesser, so verdoppelt sich auch der Radius.
- ☐ Verdoppelt man den Radius, so verdoppelt sich auch die Oberfläche des Zylinders.
- ☐ Verdoppelt man den Durchmesser, so vervierfacht sich die Grundfläche des Zylinders.
- ☐ Verdoppelt man die Höhe, so verdoppelt sich auch die Mantelfläche des Zylinders.
- ☐ Verdoppelt man die Höhe, so verdoppelt sich die Oberfläche des Zylinders.

1 Markiere die Karten, die zusammengehören.

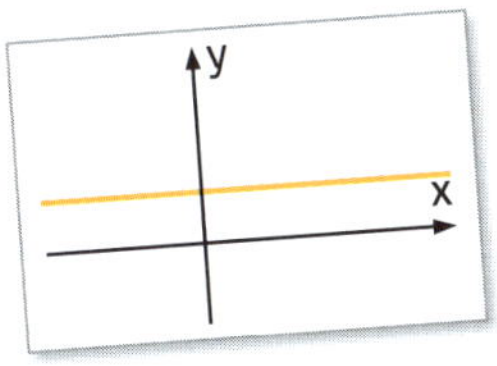

Steigung $m = 0$

$y = mx + b$

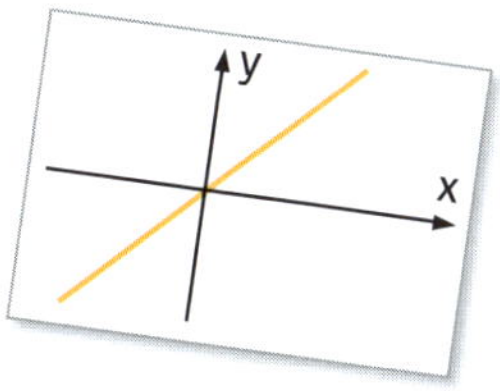

Die Gerade verläuft parallel zur x-Achse.

Die Gerade verläuft durch den Ursprung.

$y = mx$

y-Achsenabschnitt $b = 0$

Die Gerade hat die Steigung m und schneidet die y-Achse im Punkt (0 | b).

$y = b$

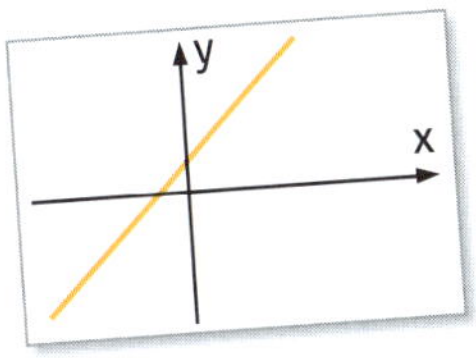

2 Gib Steigung und Funktionsgleichung der Geraden an.

A: $m = \frac{2}{1} = 2$ ______ y = ______

B: m = ______ y = ______

C: m = ______ y = ______

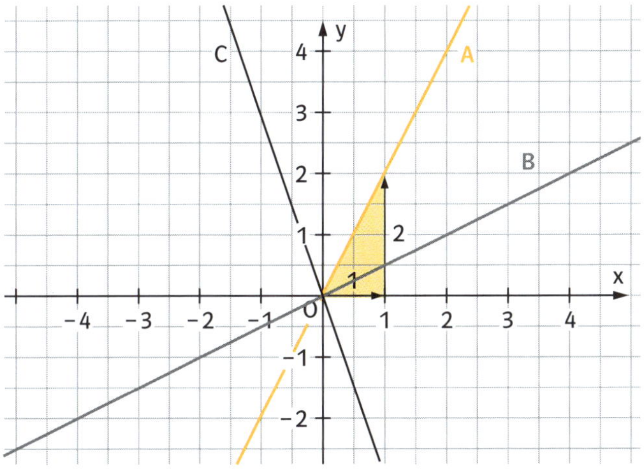

3 Zeichne den Graphen der linearen Funktion.

a) $f(x) = 2x + 3$

b) $g(x) = 2x - 1$

c) $h(x) = -\frac{1}{3}x + 1$

d) $k(x) = \frac{3}{4}x - \frac{1}{2}$

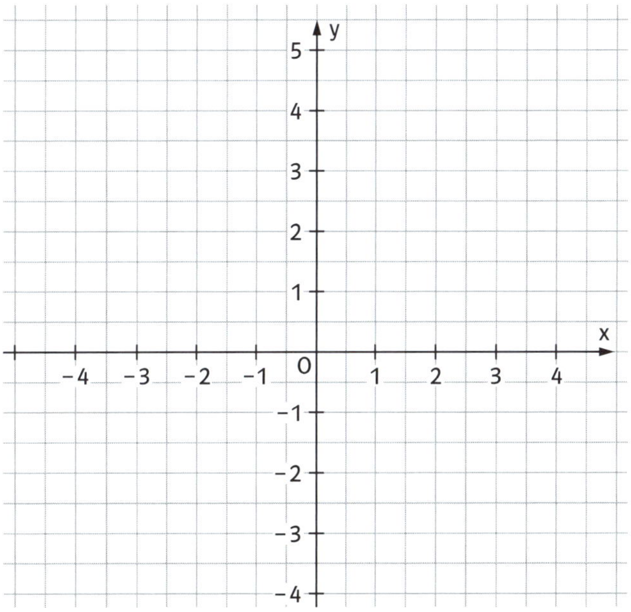

4 Die Kerzen A, B, C und D brennen. Die Funktionsgleichungen geben jeweils die Höhe h (in cm) einer Kerze in Abhängigkeit von ihrer Brenndauer t (in Stunden) an.

A: $h(t) = -t + 22$

B: $h(t) = -1{,}5t + 30$

C: $h(t) = -0{,}7t + 15$

D: $h(t) = -0{,}8t + 12$

a) Welche Höhe hat die Kerze B vor dem Anzünden? ______

b) Um wie viel cm wird Kerze A jede Stunde kürzer? ______

c) Welche Kerze wird am schnellsten kürzer? ______

d) Welche Kerze war anfangs am kleinsten? ______

e) Wann sind die Kerzen A und B gleich hoch? ______

f) Wie lange brennt Kerze D? ______

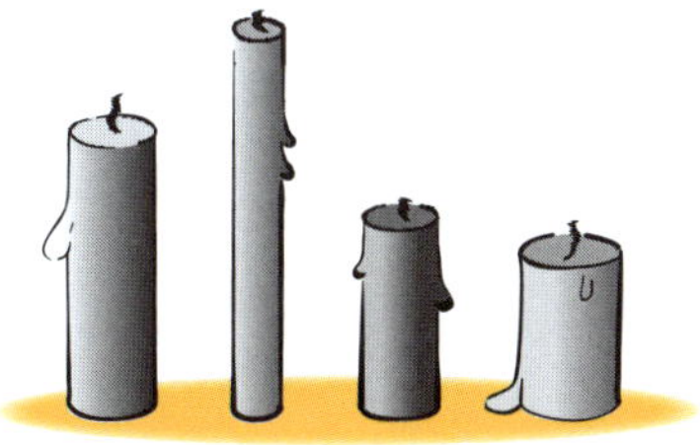

1 Löse das lineare Gleichungssystem mit dem Additionsverfahren.

I: $5x + 4y = 23$
II: $3x - 4y = 19$

I + II: ______

x = ______

Setze x in I ein:

I: $5 \cdot$ ____ $+ 4y = 23$

____ $4y = 23$

$4y =$ ______

$y =$ ______

Probe mit Gleichung II:

II: $3 \cdot$ ____ $- 4 \cdot$ ______ $= 19$

____ + ______ $= 19$

______ $= 19$

2 Löse das lineare Gleichungssystem mit dem Einsetzungsverfahren.

I: $12x + 5y = 39$
II: $12x = 4y + 120$

I + II: $4y + 120 +$ ____ $=$ ____

______ | ____

______ | ____

$y =$ ______

x mit I: $12x + 5 \cdot$ ____ $= 39$

$12x$ ____ $= 39$ | ____

$12x =$ ____ | ____

$x =$ ______

P in II: $12 \cdot$ ____ $= 4 \cdot$ ____ $+ 120$

____ = ____

____ = ____

3 Löse das lineare Gleichungssystem mit dem Gleichsetzungsverfahren.

I: $4x - 6 = 2y$
II: $2y = 2x - 10$

I + II: $4x - 6 =$ ______ | ____

______ | ____

______ | ____

$x =$ ______

y mit I: $4 \cdot$ ____ $- 6 = 2y$

______ $= 2y$ | ____

______ $= y$

P in II: $2 \cdot$ ____ $= 2 \cdot$ ____ $- 10$

____ = ____

____ = ____

4 Verändere jeweils eine der beiden Gleichungen des linearen Gleichungssystems an einer Stelle so, dass es

a) unendlich viele Lösungen gibt.
I: $y = 3x + 4$
II: $y = 3x - 2$

______

b) keine Lösung gibt.
I: $y = -4x - 3$
II: $y = 2x - 3$

______

c) genau eine Lösung gibt.
I: $1{,}5y = 7{,}5x + 4{,}5$
II: $0{,}5y = 2{,}5x + 1{,}5$

______

5 Kreuze an, ob mit dem Einsetzungsverfahren (EV) oder dem Gleichsetzungsverfahren (GV) gearbeitet wurde und rekonstruiere anschließend die fehlende Gleichung des linearen Gleichungssystems.

a) I: $y - 3x = 7$
II: ______
$4x - 5 - 3x = 7$
☐ EV ☐ GV

b) I: $-2x + 5 = y$
II: ______
$-2x + 5 = -4x + 3$
☐ EV ☐ GV

c) I: $2y = \frac{1}{2}x + 4{,}5$
II: ______
$2(3x - 1{,}5) = 0{,}5x + 4{,}5$
☐ EV ☐ GV

d) I: $6y = 2x + 8{,}5$
II: ______
$6y = -2y + 3 + 8{,}5$
☐ EV ☐ GV

6 Die linearen Gleichungssysteme wurden mit dem Additionsverfahren gelöst. Ordne jedem linearen Gleichungssystem eine Gleichung und eine Lösung zu. Trage den Buchstaben passend in die zugehörigen Kärtchen ein.

I: $-2x + 12y = 108$ II: $2x + 7y = 44$ | A	I: $56x = 8y + 216$ II: $9x + 8y = 109$ | B	I: $x + 3y = 22$ II: $2x + 3y = 23$ | C	I: $6x + 8y - 26 = 0$ II: $9x = 57 - 3y$ | D
I + II: $65x = 325$ | ____	I + II: $-18y = 36$ | ____	I + II: $19y = 152$ | ____	I + II: $x = 1$ | ____
7 | −2 | ____	−6 | 8 | ____	1 | 7 | ____	5 | 8 | ____

1 Auf welchen Kärtchen stehen wahre Aussagen? Streiche die falschen Aussagen durch.

- Mit einem grünen Würfel kann man eher eine Sechs würfeln.
- Wenn man sechsmal würfelt, kann man sicher davon ausgehen, dass man eine Sechs würfelt.
- Wahrscheinlichkeiten kann man nicht berechnen.

- Es lässt sich nicht vorhersagen, welche Zahl man würfelt.
- Bei einem Würfel sind alle sechs Augenzahlen gleich wahrscheinlich.

2 Eine Münze wird zweimal geworfen und das Ergebnis in der Form „WZ“ notiert (W = Wappen; Z = Zahl). Folgende Ergebnisse sind möglich: WZ; ________________ . Beschrifte das Baumdiagramm vollständig und bestimme die Wahrscheinlichkeit, dass man zweimal Dasselbe wirft: ________________

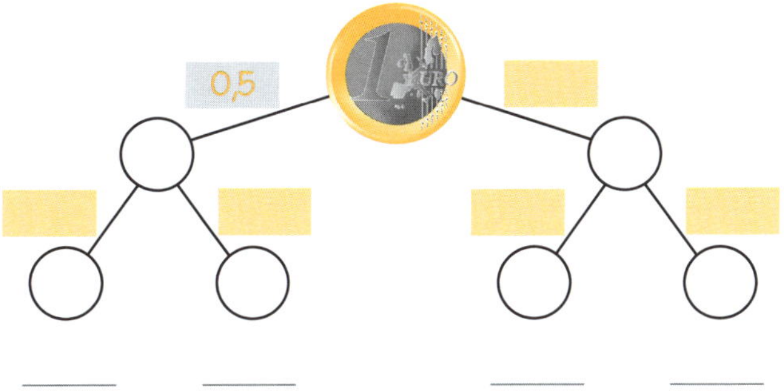

3 Bei der Wahl des Klassensprechers haben drei Schülerinnen und zwei Schüler die gleiche Stimmenzahl. Nun soll ausgelost werden, wer Klassensprecher und wer Stellvertreter werden soll. Es soll untersucht werden, welche Chancen Jungen und Mädchen auf die Posten haben. Hierzu kann man die Wahl durch ein Urnenexperiment modellieren. Für die Mädchen werden drei orange Kugeln und für die Jungen zwei weiße Kugeln in ein Gefäß gelegt.

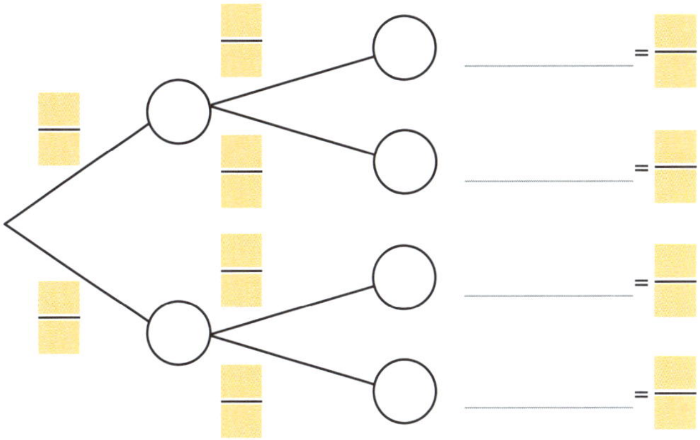

a) Fülle das Baumdiagramm vollständig aus und berechne folgende Wahrscheinlichkeiten.

b) Wahrscheinlichkeit, dass zwei Mädchen beide Posten bekommen: ________

c) Wahrscheinlichkeit, dass ein Mädchen Klassensprecherin und ein Junge Vertreter wird: ________

d) Wahrscheinlichkeit, dass ein Mädchen Vertreterin wird: ________

4 Vier Schüler wollen auslosen, wer den anderen ein Getränk ausgeben muss. Hierzu nehmen sie vier Streichhölzer, von denen eines gekürzt ist. Wer „den Kürzeren zieht“, hat verloren. Spielt hierbei die Zugreihenfolge eine Rolle? Ergänze den nebenstehenden Baum.
K: Jemand zieht den Kürzeren, Spiel ist beendet.
L: Jemand zieht ein langes Streichholz, Spiel wird fortgesetzt.
Was ist geschickter: als Erster oder als Letzter zu ziehen?

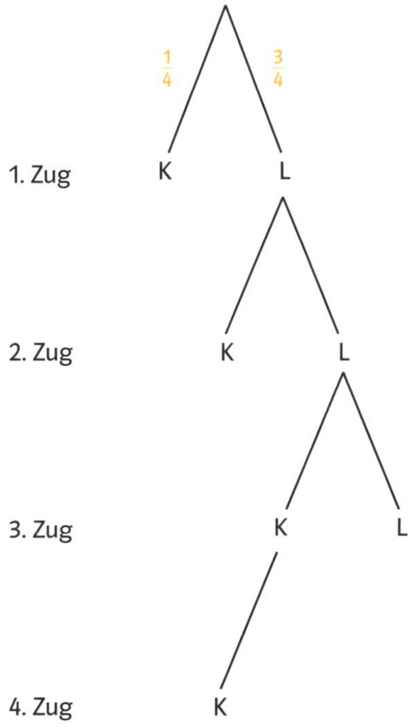

Wahrscheinlichkeit, dass der Erste „den Kürzeren zieht“: $\frac{\square}{\square}$

Wahrscheinlichkeit für den zweiten Schüler: $\frac{\square}{\square} \cdot \frac{\square}{\square} = \frac{\square}{\square}$

Wahrscheinlichkeit für den dritten: $\frac{\square}{\square} \cdot \frac{\square}{\square} \cdot \frac{\square}{\square} = \frac{\square}{\square}$

Wahrscheinlichkeit für den letzten $\frac{\square}{\square} \cdot \frac{\square}{\square} \cdot \frac{\square}{\square} \cdot \frac{\square}{\square} = \frac{\square}{\square}$

Es spielt also ________ Rolle, als Wievielter man ein Streichholz zieht.

Zwei Figuren heißen kongruent, wenn sie deckungsgleich sind.

1 Welchen Kongruenzsatz gibt es nicht? Markiere zunächst entsprechende Stücke beispielhaft farbig. Streiche den „falschen" Kongruenzsatz durch.

sss sws wsw www

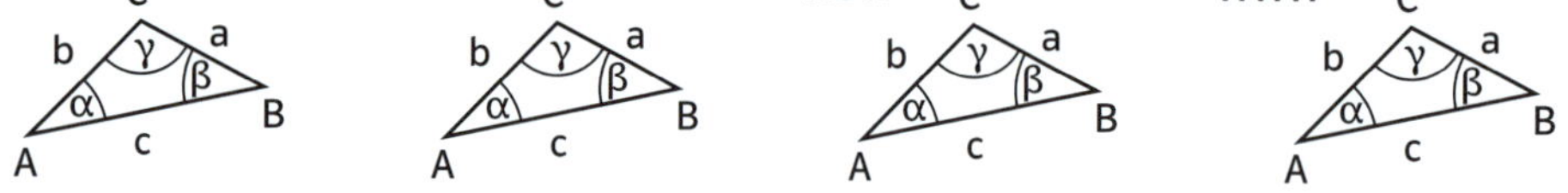

2 Nach welchem Kongruenzsatz sind die vier Dreiecke im Quadrat zueinander

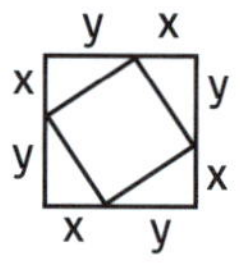

kongruent? ____________

Daher sind die vier Seiten des inneren Vierecks

______________________________ .

3 Konstruiere mithilfe des Thaleskreises ein Dreieck mit $\alpha = 30°$, $\gamma = 90°$ und $c = 4\,cm$. Verbinde anschließend C mit dem Mittelpunkt M des Thaleskreises und bestimme die Größen aller Winkel.

Das Dreieck MBC ist ________________ ;

also ist a = ________ cm.

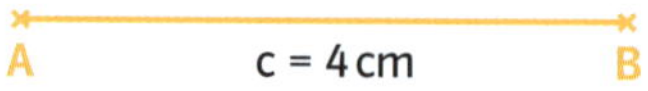

4 Nach welchem Kongruenzsatz ist das Dreieck eindeutig konstruierbar? Markiere die gegebenen Stücke in der Planfigur farbig und kreuze an.

a) $b = 5\,cm$
$\alpha = 50°$
$c = 3\,cm$

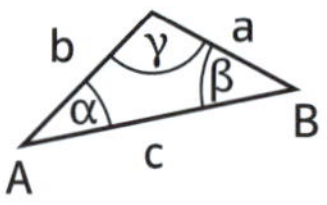

☐ sss ☐ sws
☐ wsw ☐ Ssw

b) $a = 5\,cm$
$b = 7\,cm$
$\beta = 45°$

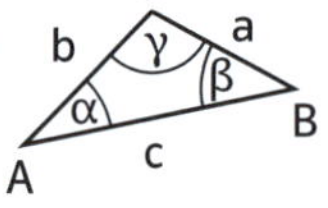

☐ sss ☐ sws
☐ wsw ☐ Ssw

c) $a = 2\,cm$
$b = 3\,cm$
$c = 4\,cm$

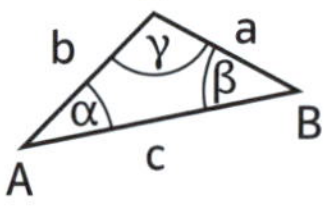

☐ sss ☐ sws
☐ wsw ☐ Ssw

d) $\alpha = 100°$
$\beta = 10°$
$c = 5\,cm$

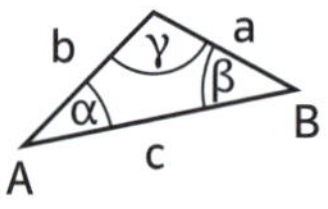

☐ sss ☐ sws
☐ wsw ☐ Ssw

5 Weshalb ist das Dreieck nicht konstruierbar? Tipp: Versuche, es zu konstruieren.

a) $a = 3\,cm$; $b = 4\,cm$; $c = 8\,cm$ ______________________________

b) $\alpha = 30°$; $\beta = 40°$; $\gamma = 80°$ ______________________________

c) $a = 3\,cm$; $b = 8\,cm$; $\alpha = 40°$ ______________________________

____

6 Konstruiere das Dreieck nach der Planfigur und beschreibe dein Vorgehen.

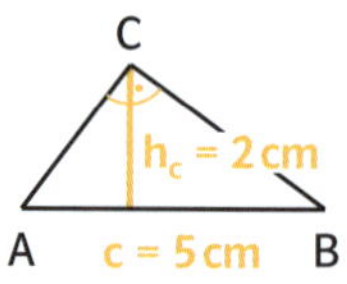

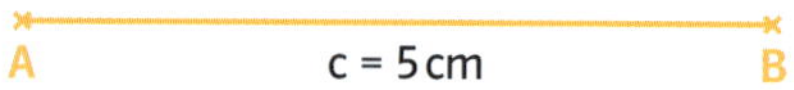

1) Zeichne $c = \overline{AB} = 5\,cm$

2) ______________________________

3) ______________________________

7 a) Konstruiere ein Rechteck mit der Diagonale $d = 5\,cm$ und einer Seitenlänge $a = 3\,cm$. Miss die andere Seitenlänge des Rechtecks: b = ________ cm.

Planfigur:

b) Konstruiere ein gleichschenklig-rechtwinkliges Dreieck mit der Basis $c = 4\,cm$.

Miss die Länge der Schenkel: etwa ________ cm.

Planfigur:

1 Setze die Zahlen so fort, dass eine rationale und eine irrationale Zahl entsteht.

	0,123...	0,121 22...	0,323 2...	0,0...
rational				
irrational				

2 Gib drei irrationale Zahlen an, die zwischen 5 und 6 liegen.

__________ __________ __________

3 Ergänze die Begründungstexte zu den folgenden Fragen.
a) Kann die Summe zweier irrationaler Zahlen rational sein?

Ja, zum Beispiel ist 0,101 001 000... + 0,232 332 333 233 33... = __________ = $\frac{1}{3}$ die Summe zweier irrationaler Zahlen, das Ergebnis ist aber rational. Eine andere Zerlegung von $\frac{1}{3}$ in zwei irrationale Summanden könnte so aussehen:

$\frac{1}{3}$ = 0,212 211 222 111... + __________ . Oder auch so:

$\frac{1}{3}$ = __________ + __________

b) Kann das Produkt zweier irrationaler Zahlen rational sein?

Die Lösung x der Gleichung $x^2 = 2$ ist eine irrationale Zahl. Das Produkt der irrationalen Zahl x mit sich selbst $x \cdot x = 2$ ist aber eine rationale Zahl, also kann das Produkt zweier __________ Zahlen sehr wohl __________ sein.

4 Schreibe in die Figur die Worte „natürliche", „ganze", „rationale" und „irrationale" (Zahlen).
Ordne dann die Zahlen auf den Kärtchen richtig zu.

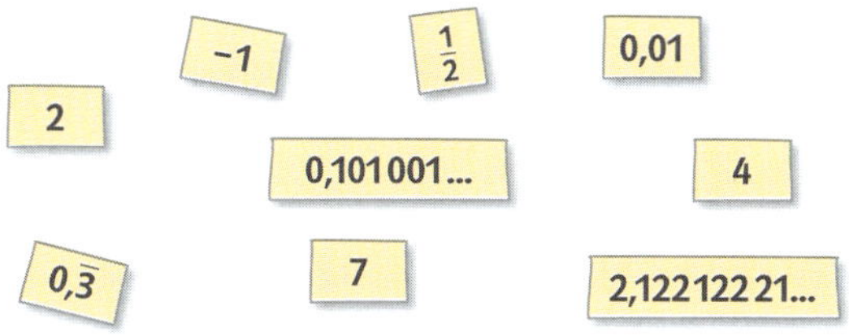

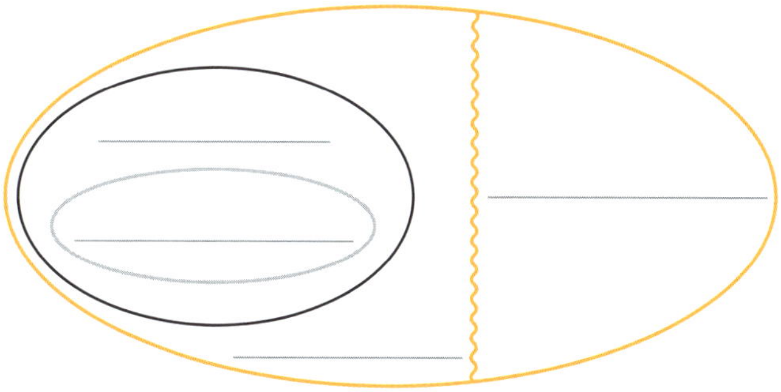

natürliche Zahlen: __________

rationale Zahlen: __________

ganze Zahlen: __________

irrationale Zahlen: __________

5 Neunerperioden
Es gibt bei periodischen Dezimalzahlen viele Möglichkeiten, aber eine Neunerperiode (also zum Beispiel $2,\overline{9}$) ist nicht erlaubt. Ergänze den Lückentext, der diesen Sachverhalt begründet.

Wenn man $2,\overline{9}$ mit 10 multipliziert, erhält man ________ . Somit ist dann

$9 \cdot 2,\overline{9} = (10 - 1) \cdot 2,\overline{9} = 10 \cdot 2,\overline{9} - 2,\overline{9} =$ ________ $- 2,\overline{9} =$ ________ . Insgesamt

also $9 \cdot 2,\overline{9} = 27$. Beidseitiges Teilen dieser Gleichung durch 9 ergibt dann: $2,\overline{9} =$ ________ .

Man erhält also für ein und dieselbe Zahl zwei verschiedene Darstellungen. Da dies nicht schön ist, wird es kurzerhand in der Mathematik verboten.

1 Finde ohne Taschenrechner die Fehler und korrigiere rechts vom Gleichheitszeichen.

a) $\sqrt{64} = 8$ b) $\sqrt{121} = 12$ c) $\sqrt{196} = 13$ d) $\sqrt{361} = 19$ e) $\sqrt{441} = 22$

2 Bestimme die Wurzeln im Kopf. Achte auf die Beispiele.

a) $\sqrt{9} = 3$
$\sqrt{0{,}09} = 0{,}3$
$\sqrt{0{,}0009} =$ ____
$\sqrt{900} = 30$
$\sqrt{90\,000} =$ ____

b) $\sqrt{4} =$ ____
$\sqrt{0{,}04} =$ ____
$\sqrt{400} =$ ____
$\sqrt{0{,}0004} =$ ____
$\sqrt{40\,000} =$ ____

c) $\sqrt{\frac{9}{100}} = \frac{3}{10}$
$\sqrt{\frac{16}{25}} =$ ____
$\sqrt{\frac{121}{81}} =$ ____
$\sqrt{\frac{256}{16}} =$ ____

d) $\sqrt{\frac{169}{49}} =$ ____
$\sqrt{\frac{4}{9}} =$ ____
$\sqrt{\frac{1}{289}} =$ ____
$\sqrt{\frac{10}{360}} =$ ____

3 Bestimme die Wurzeln. Falls die Wurzel irrational ist, schreibe ein **i** in das Feld.

a) $\sqrt{144} =$ ____ b) $\sqrt{4{,}41} =$ ____ c) $\sqrt{265} =$ ____
d) $\sqrt{256} =$ ____ e) $\sqrt{0{,}1} =$ ____ f) $\sqrt{3600} =$ ____
g) $\sqrt{2{,}89} =$ ____ h) $\sqrt{0{,}04} =$ ____ i) $\sqrt{\frac{1}{25}} =$ ____
j) $\sqrt{\frac{169}{196}} =$ ____ k) $\sqrt{\frac{1024}{4096}} =$ ____ l) $\sqrt{\frac{9}{18}} =$ ____

4 Bestimme die Lösungen. Schreibe möglichst ohne Wurzelzeichen.

a) $x^2 = 84$ b) $x^2 = 3{,}61$ c) $x^2 = 0{,}0625$ d) $x^2 = -2$ e) $x^2 = 2$

Lösungen:
$\sqrt{84}$; $-\sqrt{84}$ ____ ; ____ ____ ; ____ ____ ; ____ ____ ; ____

5 Zwischen welchen aufeinanderfolgenden natürlichen Zahlen liegt die Wurzel? Denke an Quadratzahlen.

a) $3 < \sqrt{10} < 4$ b) ____ $< \sqrt{60} <$ ____ c) ____ $< \sqrt{110} <$ ____
d) ____ $< \sqrt{3} <$ ____ e) ____ $< \sqrt{500} <$ ____ f) ____ $< \sqrt{1000} <$ ____

6 Löse die Gleichungen.

a) $x^2 + 1 = 50$ | -1
$x^2 =$ ____
$x_1 =$ ____ ; $x_2 =$ ____

b) $2x^2 = 72$ | ____
$x^2 =$ ____
$x_1 =$ ____ ; $x_2 =$ ____

c) $3x^2 + 6 = 33$ | -6
$3x^2 =$ ____
$x^2 =$ ____
$x_1 =$ ____ ; $x_2 =$ ____

7 Zeichne neben die Figur ein Quadrat, das denselben Flächeninhalt hat wie die vorgegebene Figur.

a) 

b) 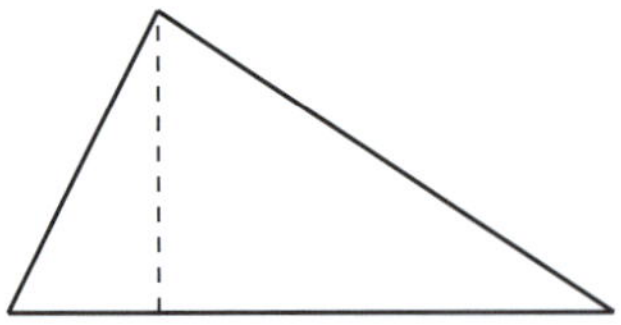

1 Ziehe teilweise die Wurzel wie im Beispiel.

a) $\sqrt{8} = \sqrt{4 \cdot 2} = \sqrt{4} \cdot \sqrt{2} = 2 \cdot \sqrt{2}$

b) $\sqrt{45} = \sqrt{\quad \cdot \quad}$ = ______

c) $\sqrt{48}$ = ______

d) $\sqrt{150}$ = ______

e) $\sqrt{108}$ = ______

f) $\sqrt{144}$ = ______

2 Berechne die Terme möglichst im Kopf, benutze ansonsten den Taschenrechner. Entscheide, ob du ein Gleichheitszeichen oder ein Ungefährzeichen einsetzen musst.

a) $\sqrt{2} \cdot \sqrt{8}$ ☐ ______

b) $\sqrt{2} + \sqrt{8}$ ☐ ______

c) $2 \cdot \sqrt{2}$ ☐ ______

d) $\frac{\sqrt{75}}{\sqrt{3}}$ ☐ ______

e) $5 - \sqrt{25}$ ☐ ______

f) $3 + \sqrt{3}$ ☐ ______

g) $4 + \sqrt{4}$ ☐ ______

h) $\frac{\sqrt{12}}{\sqrt{6}}$ ☐ ______

3 Vereinfache durch Ausklammern.

a) $2 \cdot \sqrt{3} + 7 \cdot \sqrt{3} = (2 + 7) \cdot \sqrt{3} = 9 \cdot \sqrt{3}$

b) $5 \cdot \sqrt{2} + \sqrt{2} \cdot 3$ = ______

c) $\sqrt{6} + 3 \cdot \sqrt{6}$ = ______

d) $8 \cdot \sqrt{5} - 2 \cdot \sqrt{5} - 5 \cdot \sqrt{5}$ = ______

e) $3 \cdot \sqrt{2} + 2 \cdot \sqrt{3} + 5 \cdot \sqrt{3} - \sqrt{2}$

= ______

f) $3 \cdot \sqrt{8} - 5 \cdot \sqrt{2} = 3 \cdot 2 \cdot \sqrt{2} - 5 \cdot \sqrt{2} = \sqrt{2}$

g) $\sqrt{18} + \sqrt{8} - \sqrt{50}$ = ______

h) $\sqrt{27} + \sqrt{45}$ = ______

4 Vereinfache durch Ausmultiplizieren.

a) $\sqrt{5} \cdot (\sqrt{20} + \sqrt{45})$

$= \sqrt{100} + \sqrt{225} = 10 + 15 = 25$

b) $\sqrt{2} \cdot (\sqrt{32} - \sqrt{72})$ = ______

c) $\sqrt{7} \cdot (\sqrt{7} + \sqrt{28})$ = ______

d) $\sqrt{3} \cdot (\sqrt{12} + \sqrt{48} - \sqrt{108})$

= ______

e) $(\sqrt{44} - \sqrt{11}) \cdot \sqrt{11}$ = ______

f) $\sqrt{10} \cdot (\sqrt{5} - \sqrt{2})$

$= \sqrt{50} - \sqrt{20} = 5 \cdot \sqrt{2} - 2 \cdot \sqrt{5}$

g) $(\sqrt{10} + \sqrt{15}) \cdot \sqrt{6}$ = ______

h) $\sqrt{12} \cdot (\sqrt{6} + \sqrt{20})$ = ______

5 Forme die Terme um wie im Beispiel. Diese Umformung nennt man auch „Rationalmachen des Nenners".

a) $\frac{5}{\sqrt{3}} = \frac{5 \cdot \sqrt{3}}{\sqrt{3} \cdot \sqrt{3}} = \frac{5 \cdot \sqrt{3}}{3} = \frac{5}{3} \cdot \sqrt{3}$

b) $\frac{3}{\sqrt{7}} = \frac{3 \cdot}{\sqrt{7} \cdot}$ = ______ = ______

c) $\frac{5}{\sqrt{5}} = \frac{5 \cdot}{\sqrt{5} \cdot}$ = ______ = ______

d) $\frac{3}{\sqrt{3}} = \frac{3 \cdot}{\sqrt{3} \cdot}$ = ______ = ______

e) $\frac{7}{\sqrt{5}}$ = ______ = ______ = ______

f) $\frac{5}{\sqrt{7}}$ = ______ = ______ = ______

g) $\frac{10}{\sqrt{5}}$ = ______ = ______ = ______

h) $\frac{\sqrt{5}}{10}$ = ______ = ______ = ______

6 Vereinfache zunächst den Term und gib das Ergebnis eventuell als Näherungswert an.

a) $9 \cdot \sqrt{7} - \sqrt{112} = 9 \cdot \sqrt{7} -$ ______ $\cdot \sqrt{7} = (9 -$ ______ $) \cdot \sqrt{7} =$ ______ $\cdot \sqrt{7} \approx$ ______

b) $9 \cdot \sqrt{7} \cdot \sqrt{112}$ = ______ = ______ = ______ = ______

c) $9 \cdot \sqrt{7} + \sqrt{112}$ = ______ = ______ = ______ ≈ ______

d) $\frac{9 \cdot \sqrt{7}}{\sqrt{112}}$ = ______ = ______ = ______

1 Vereinfache so, dass im Ergebnis keine Wurzel im Nenner auftaucht.

a) $\sqrt{\frac{4}{10}} + \sqrt{\frac{9}{10}} = \frac{2}{\sqrt{10}} + \frac{3}{\sqrt{10}} = \frac{5}{\sqrt{10}} = \frac{5 \cdot \sqrt{10}}{\sqrt{10} \cdot \sqrt{10}} = \frac{5 \cdot \sqrt{10}}{10} = \frac{1}{2} \cdot \sqrt{10}$

b) $\sqrt{\frac{25}{5}} + \sqrt{\frac{16}{5}} =$

c) $\sqrt{3} + \sqrt{\frac{16}{3}} =$

d) $\sqrt{0{,}4} + \sqrt{0{,}1} = \sqrt{\frac{4}{10}} + \sqrt{\frac{1}{10}} = \frac{2}{\sqrt{10}} + \frac{1}{\sqrt{10}} = \frac{3}{\sqrt{10}} = \frac{3 \cdot \sqrt{10}}{\sqrt{10} \cdot \sqrt{10}} = \frac{3 \cdot \sqrt{10}}{10} = 0{,}3 \cdot \sqrt{10}$

e) $\sqrt{1{,}6} + \sqrt{2{,}5} =$

f) $\sqrt{14{,}4} + \sqrt{19{,}6} =$

g) $\sqrt{9{,}0} + \sqrt{16{,}00} =$

2 Finde die Fehler. In einigen Lösungsversuchen steckt genau ein Fehler. Streiche den Lösungsversuch ab der fehlerhaften Stelle durch und korrigiere in der Zeile darunter.

a) $3 \cdot \sqrt{15} + 3 \cdot \sqrt{5} = \sqrt{5}\,(3 \cdot \sqrt{3} + 3) = \sqrt{5} \cdot 6 \cdot \sqrt{3} = 6 \cdot \sqrt{15}$

b) $7 \cdot \sqrt{3} - 7 \cdot \sqrt{2} = 7 \cdot (\sqrt{3} - \sqrt{2}) = 7 \cdot \sqrt{1} = 7$

c) $\sqrt{500} - \sqrt{250} = \sqrt{500 - 250} = \sqrt{250} = \sqrt{25 \cdot 10} = 5 \cdot \sqrt{10}$

d) $2 \cdot \sqrt{8} + 8 \cdot \sqrt{2} = 2 \cdot \sqrt{2 \cdot 4} + 8 \cdot \sqrt{2} = 8 \cdot \sqrt{2} + 8 \cdot \sqrt{2} = 16 \cdot \sqrt{2}$

3 Vereinfache die Wurzelterme. Alle vorkommenden Variablen sind größer als 0.

a) $\sqrt{3a^2} =$

b) $\sqrt{16b} =$

c) $\sqrt{5c^2d} =$

d) $\sqrt{9d^3} =$

e) $3 \cdot \sqrt{e} + 5 \cdot \sqrt{e} =$

f) $\sqrt{f} + 4\sqrt{f} =$

g) $\sqrt{g} - g \cdot \sqrt{g} =$

h) $2 \cdot \sqrt{h} + 3 \cdot \sqrt{h^3} =$

i) $\sqrt{i^3} + \sqrt{i^5} =$

j) $j - \sqrt{j^2} =$

k) $\sqrt{k} \cdot (\sqrt{4k} + \sqrt{9k}) =$

l) $\sqrt{l} \cdot \left(\sqrt{l} - \sqrt{\frac{1}{l}}\right) =$

m) $(\sqrt{2m} + \sqrt{3m}) \cdot \sqrt{6m} =$

Fülle die Lücken. Für jeden Buchstaben findest du einen Strich. Löse dann die Beispielaufgaben.

Zahlbereiche

Rationale Zahlen sind Zahlen, die man als Bruch, z. B. $-\frac{7}{11}$, schreiben kann. Eine rationale Zahl kann man auch als einen abbrechenden oder periodischen Dezimalbruch schreiben, hier: $-\frac{7}{11} = -0,\overline{63}$

Alle anderen Zahlen sind **irrationale Zahlen**.
Als **reelle Zahlen** bezeichnet man die rationalen und irrationalen Zahlen zusammen.

Reelle Zahlen

_ _ _ _ _ _ _ _ _ Zahlen
- Bruchzahlen
- periodische Dezimalbrüche
- abbrechende Dezimalbrüche

_ _ _ _ _ _ _ _ _ _ _ Zahlen
- alle nicht periodischen und nicht abbrechenden Dezimalbrüche

Wurzeln

Unter der Schreibweise $\sqrt{a}$ versteht man diejenige positive reelle Zahl x, deren Quadrat a ergibt, also $x^2 = a$. Da das Quadrat einer Zahl niemals negativ ist, darf auch a nicht _ _ _ _ _ _ _ sein.

Viele Wurzeln sind _ _ _ _ _ _ _ _ _ _ _ Zahlen und können daher nur als Näherungswert angegeben werden.
Will man den Wert einer irrationalen Zahl möglichst genau (auf der Zahlengeraden) darstellen, so kann man dies durch eine

_ _

erreichen.

- $\sqrt{169} =$ ______
- $\sqrt{2} \approx$ ______
- $\sqrt{8} \approx$ ______

- Die Gleichung $x^2 = 3$ hat zwei Lösungen, nämlich $x = \sqrt{3}$ und $x =$ ______

- $\sqrt{5} = 2{,}236\,067\,977\ldots$

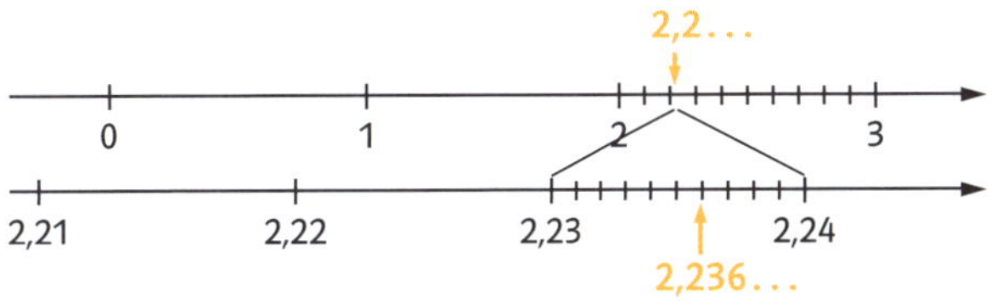

Rechnen mit reellen Zahlen

Neben den bekannten Rechengesetzen, die auch für reelle Zahlen gelten, gibt es Regeln für Wurzeln.
Für $a \geqq 0$ und $b \geqq 0$ (bzw. $b > 0$ in 2.)

1. Produkte von Wurzeln $\sqrt{a} \cdot \sqrt{b} = \sqrt{a \cdot b}$
2. Quotienten von Wurzeln $\frac{\sqrt{a}}{\sqrt{b}} = \sqrt{\frac{a}{b}}$
3. Teilweises Wurzelziehen $\sqrt{a^2 b} = a \cdot \sqrt{b}$
4. Ausklammern und Ausmultiplizieren $n \cdot \sqrt{a} + m \cdot \sqrt{a} = (n + m) \cdot \sqrt{a}$

- $\sqrt{2} \cdot \sqrt{8} = \sqrt{2 \cdot 8} = \sqrt{\_\_\_\_} =$ ______
- $\frac{\sqrt{8}}{\sqrt{2}} = \sqrt{\frac{}{}} = \sqrt{\_\_\_\_} =$ ______
- $\sqrt{8} = \sqrt{4} \cdot \sqrt{2} =$ ______ $\cdot \sqrt{\_\_\_\_}$
- $2 \cdot \sqrt{5} + 4 \cdot \sqrt{5} = ($ ___ $+$ ___ $) \cdot \sqrt{5} =$ ______ $\cdot \sqrt{\_\_\_\_}$

Lösen von Wurzelgleichungen

- Wurzel isolieren
- Gleichung quadrieren
- entstandene Gleichung lösen
- Probe an der Ausgangsgleichung

- $\sqrt{x^2 + 1} = x + 1$

$x^2 + 1 = x^2 + 2x + 1$

$0 = 2x; \quad x = 0$

$\sqrt{0^2 + 1} = 0 + 1; \quad 1 = 1; \quad L = \{0\}$

1 Ein Rechteck mit den Seitenlängen 2 cm und 3 cm soll in ein flächengleiches Quadrat verwandelt werden. Führe schrittweise die folgende Konstruktion nach der Anleitung links mithilfe des Kathetensatzes aus.

I Die Seitenlängen 2 cm und 3 cm entsprechen im rechtwinkligen Dreieck der Hypotenuse (3 cm) und dem Hypotenusenabschnitt (2 cm).

II Die Verlängerung der von A abgewandten Rechteckseite enthält die Höhe h_c des gesuchten rechtwinkligen Dreiecks. Die Höhe steht senkrecht auf der Grundseite.

III Der Schnittpunkt der Höhe mit dem Thaleskreis liefert den Eckpunkt C des gesuchten rechtwinkligen Dreiecks.

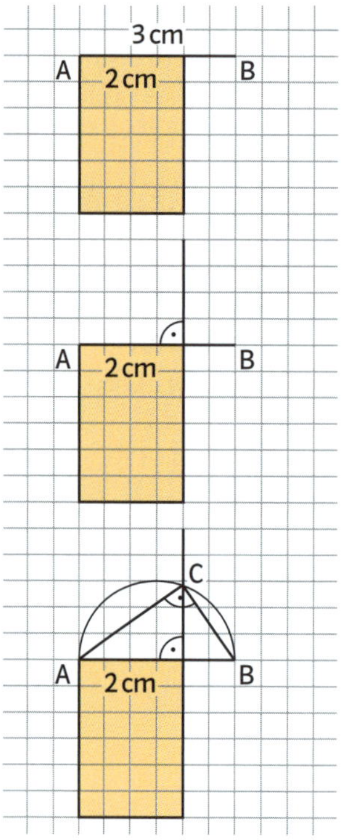

IV Führe nun die Konstruktionsschritte I bis III an der Figur unten aus und errichte über der zugehörigen Kathete das Quadrat.

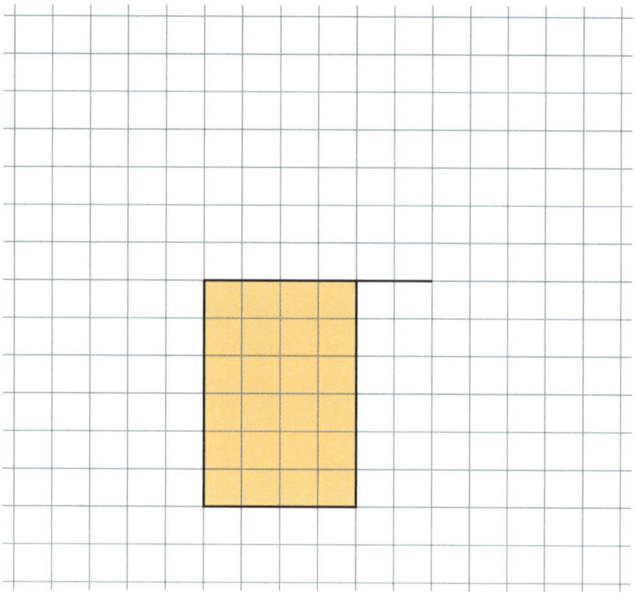

2 Wenn du Aufgabe 1 richtig gelöst hast, siehst du nun rechts die typische Figur zum Kathetensatz: In jedem rechtwinkligen Dreieck ist das Rechteck, gebildet aus Hypotenuse und Hypotenusen-

______________________, flächengleich dem Quadrat auf der zugehörigen ______________________.

Kurz: $q \cdot c =$ ____________ und entsprechend $p \cdot c =$ ____________. Ergänze in der Figur aus Aufgabe 1 das Rechteck aus c und p in einer anderen Farbe. Zeichne dann auch das zugehörige Kathetenquadrat ein.

3 Die Seitenlänge b in Aufgabe 1 berechnet sich nach dem Kathetensatz zu

$q \cdot c = 2\,\text{cm} \cdot 3\,\text{cm} = 6\,\text{cm}^2 = b^2$,

also $b = \sqrt{}$ cm ≈ ____________ cm.

Konstruiere nun die Quadratwurzel aus $8\,\text{cm}^2$.

$q \cdot c =$ ______ cm · ______ cm $= 8\,\text{cm}^2$

Deute die Rechteckfläche dabei nur an.

Also ist $\sqrt{8}$ cm ≈ ______ cm.

4 Berechne mithilfe des Kathetensatzes die fehlenden Stücke des rechtwinkligen Dreiecks. Runde auf mm.

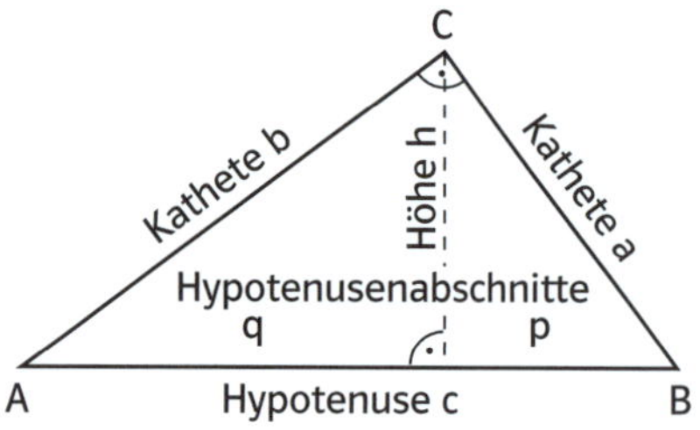

	a	b	c	p	q
a)			7 cm	3 cm	
b)				4 cm	7 cm
c)	3 cm	4 cm	5 cm		
d)	6 cm			4 cm	

1 Markiere im Dreieck den rechten Winkel durch das bekannte Zeichen und die Hypotenuse farbig.

a)
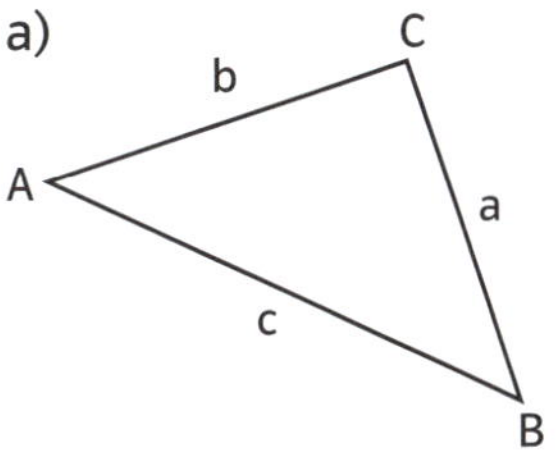

b)
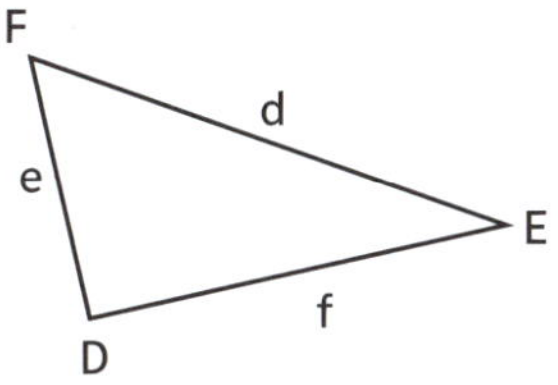

c)
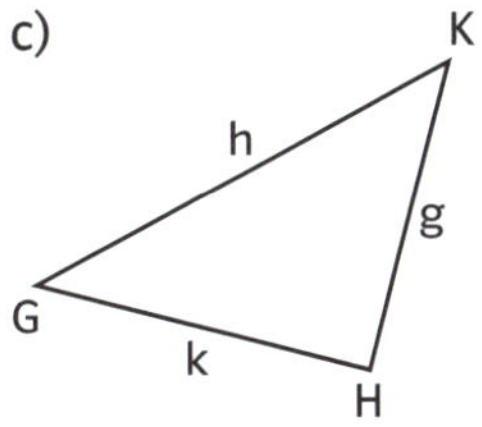

d)
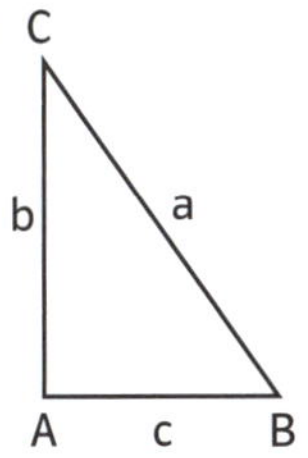

2 Notiere für das obige Dreieck den Satz des Pythagoras mit den entsprechenden Seitenbezeichnungen.

a) ______ b) ______ c) ______ d) ______

3 Berechne die fehlende Seitenlänge. Die zugehörige Skizze findest du in Aufgabe 1.

a) $a = 5\,cm$; $c = 13\,cm$

$b^2 = c^2 - a^2$

$b^2 = (13\,cm)^2 - (5\,cm)^2$

$b^2 = 169\,cm^2 - 25\,cm^2$

$b^2 = 144\,cm^2$

$b = 12\,cm$

b) $e = 6\,cm$; $f = 8\,cm$

c) $g = 6\,cm$; $h = 8\,cm$

d) $a = 11\,cm$; $b = 10\,cm$

4 Ergänze die Tabelle. Rechne im Heft und mit dem Taschenrechner. Runde auf eine Nachkommastelle.

	a)	b)	c)	d)	e)	f)	g)
erste Kathete	10 cm	11 cm		70 cm	99 cm	15 mm	1 km
zweite Kathete	5 cm		12 m		2 dm		2 km
Hypotenuse		15 cm	21 m	25 dm		1,7 cm	

5 Konstruktion von $\sqrt{10}$.
Mithilfe des Satzes von Pythagoras kannst du Strecken mit vorgegebenen Längen konstruieren. Schreibe 10 als Summe zweier Quadratzahlen: $10 = 1^2 + 3^2$. Konstruiere nun ein rechtwinkliges Dreieck mit den beiden Katheten 1 cm und 3 cm.

Die gezeichnete Länge der Hypotenuse beträgt etwa ______ cm.

Vergleiche mit dem Taschenrechner: $\sqrt{10} \approx$ ______

6 Konstruiere mit dem Verfahren aus Aufgabe 5 nun eine Strecke der Länge $\sqrt{18}$ cm.

$18 = \_\_\_^2 + \_\_\_^2$

Abgelesener Näherungswert: $\sqrt{18}\,cm \approx$ ______ cm

Vergleichswert Taschenrechner: $\sqrt{18} \approx$ ______

1 Berechne die Längen der farbig gekennzeichneten Strecken.

a)

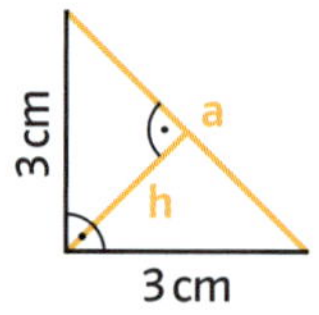

$(3\,\text{cm})^2 + (3\,\text{cm})^2 = a^2$

$= a^2$

$a \approx$ ______

$h^2 +$ ______ $= (3\,\text{cm})^2$

______

$h \approx$ ______ cm

b)

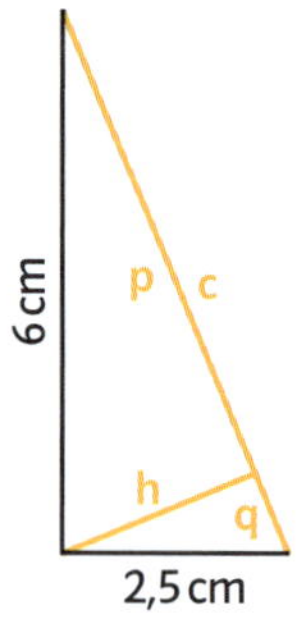

c)

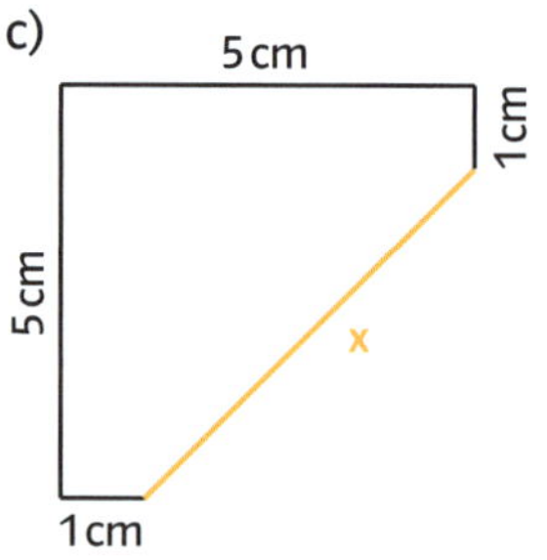

2 Flächeninhalt und Umfang des orangen Dreiecks sind gesucht. Die Punkte A und C sind jeweils die Seitenmitten. Schätze zunächst, wie viel Prozent des Rechtecks gefärbt ist.

☐ 30 % ☐ 40 %
☐ 50 % ☐ 60 %

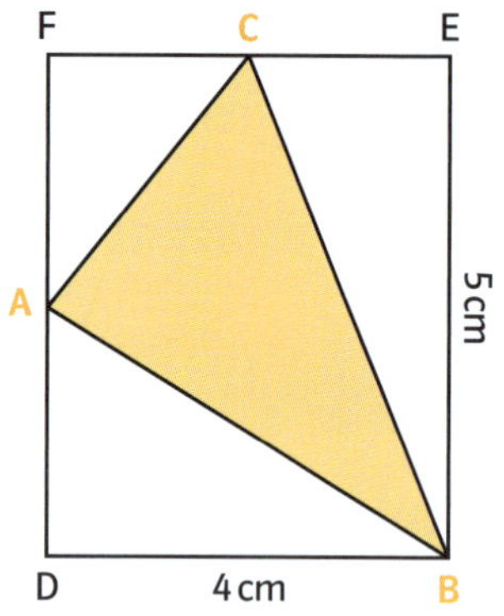

a) Berechne den Flächeninhalt der drei weißen rechtwinkligen Teildreiecke.

$A_{ADB} =$ ______

$A_{BEC} =$ ______

$A_{ACF} =$ ______

Du erhältst die orange Fläche, indem du die weißen Flächen vom Rechteck subtrahierst.

$A_{orange} =$ ______

Der gefärbte Anteil beträgt ______ %.

b) Für den Umfang musst du die drei Seitenlängen einzeln berechnen (runde auf eine Nachkommastelle) und addieren.

3 In einem Rechteck ist die eine Seite 20 cm lang und die andere Seite ist um 8 cm kürzer als die Diagonale. Vervollständige die Skizze und bestimme die Länge der Diagonalen und die der anderen Seite.

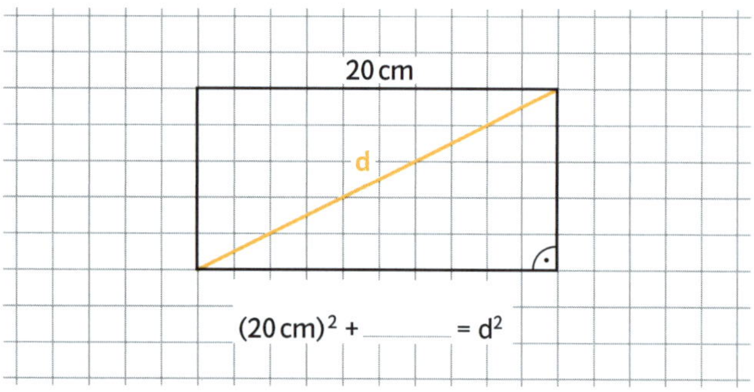

$(20\,\text{cm})^2 +$ ______ $= d^2$

4 Bestimme die fehlenden Stücke des Drachens sowie seinen Flächeninhalt. Beginne mit der Strecke f_1.

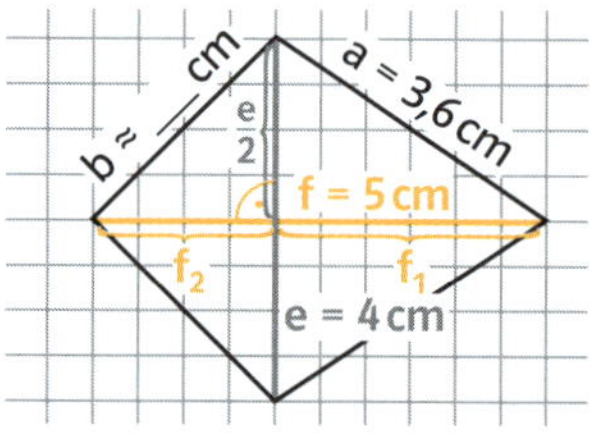

Die Umkehrung des Satzes von Pythagoras

1 Von dem Dreieck weiß man, dass es rechtwinklig ist. Zwischen welchen Seiten liegt der rechte Winkel?

a) a = 2,1 cm
b = 2,0 cm
c = 2,9 cm
rechter Winkel zwischen den Seiten
a und ___

b) a = 30 cm
b = 18 cm
c = 24 cm
rechter Winkel zwischen den Seiten
___ und ___

c) a = 25 cm
b = 65 cm
c = 60 cm
rechter Winkel zwischen den Seiten
___ und ___

d) a = 6 dm
b = 91 cm
c = 10,9 dm
rechter Winkel zwischen den Seiten
___ und ___

2 Welche der Dreiecke sind rechtwinklig? Markiere die rechten Winkel.

a)
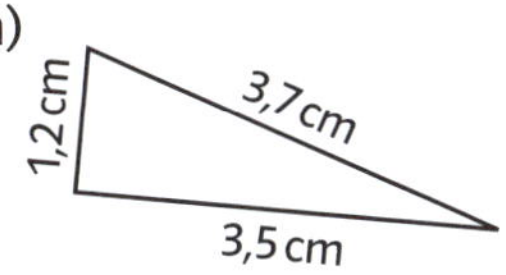

b)
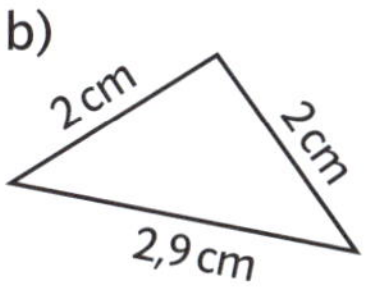

c)
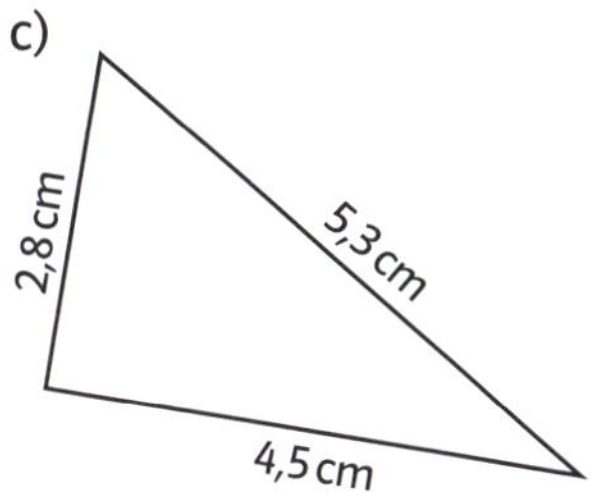

d)
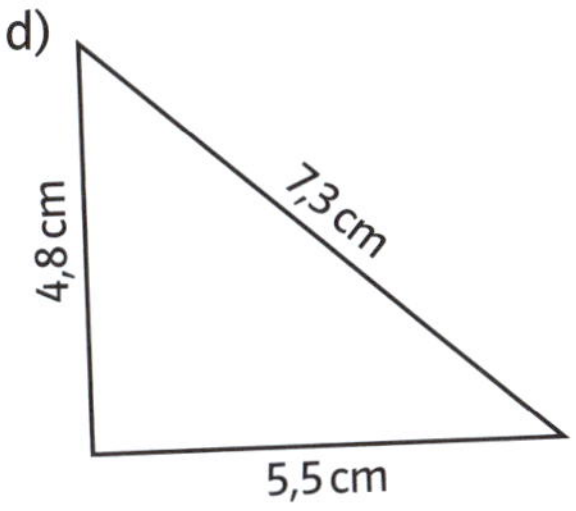

3 Welcher Satz hilft bei dem Problem weiter – der Satz des Pythagoras oder seine Umkehrung? Kreuze an.

a) Paul will aus Streichhölzern ein rechtwinkliges Dreieck legen. Wie viele Hölzer benötigt er mindestens?

☐ Satz des Pythagoras ☐ Umkehrung

b) Der Flächeninhalt eines regelmäßigen Sechsecks beträgt 100 cm^2. Wie groß ist die Seitenlänge?

☐ Satz des Pythagoras ☐ Umkehrung

c) Entwickle eine Formel, mit der man die Länge der Raumdiagonalen eines Würfels berechnen kann.

☐ Satz des Pythagoras ☐ Umkehrung

d) Ist das abgebildete Grundstück wirklich rechtwinklig?

☐ Satz des Pythagoras ☐ Umkehrung

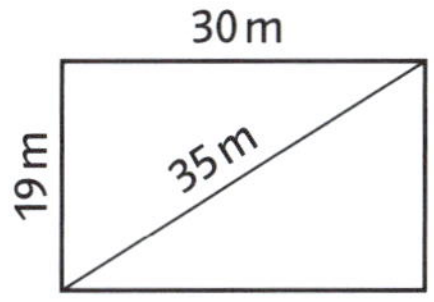

4 Zwei Würfel der Kantenlänge a werden wie im Bild aufeinandergestellt. Die Längen der orangen Strecken sollen bestimmt werden. Vollziehe die drei Ansätze nach und führe die Rechnungen weiter.

$\overline{AC}^2 = a^2 + a^2$

___

___

___

$\overline{AB}^2 = a^2 + (\sqrt{2}\,a)^2$

___

___

___

$\overline{BC}^2 = a^2 + (2\,a)^2$

___

___

___

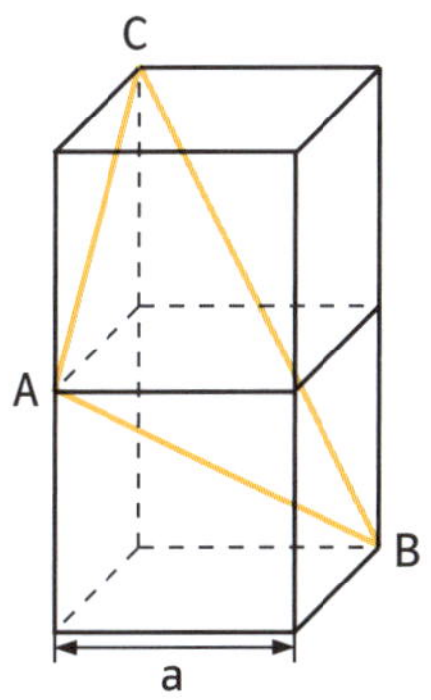

Überprüfe nun noch, ob das Dreieck ABC rechtwinklig ist oder nicht.

___

1 Gegeben sind die Seite $a = 4\,cm$ und der Hypotenusenabschnitt $p = 2\,cm$. Berechne alle fehlenden Größen.
Markiere die gegebenen Größen farbig und beginne mit dem Satz des Pythagoras im rechten Teildreieck.

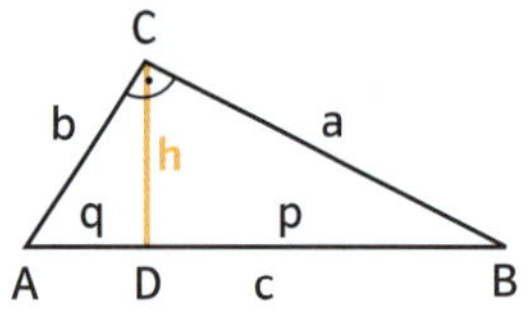

____

$h = \sqrt{\_\_\_\_}$ cm ≈ ______ cm.

Nun der Höhensatz: $h^2 = p \cdot q$, also $q =$ ______ cm.

Mit dem Kathetensatz folgt nun $b^2 =$ ______,

also $b =$ ______ cm.

Für die Hypotenuse gilt: $c =$ ______ cm.

2 Gegeben ist das unten abgebildete Rechteck. Konstruiere mithilfe des Höhensatzes ein flächengleiches Quadrat.

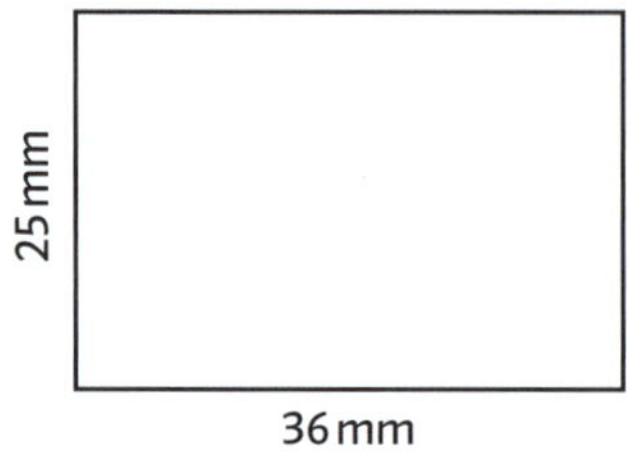

3 Berechne den Flächeninhalt des Dreiecks ABC auf zwei verschiedene Arten.

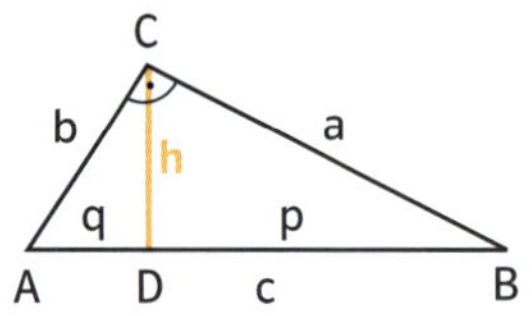

$A = \frac{1}{2}c \cdot$ ____ bzw.

$A = \frac{1}{2}a \cdot$ ____

Gleichsetzen der beiden Terme ergibt:

$\frac{1}{2}c \cdot$ ____ $= \frac{1}{2}a \cdot$ ____;

$\frac{1}{2}$ kürzen und nach h auflösen:

$h =$ ______ , quadriert: $h^2 =$ ______

Mit dem Kathetensatz a^2 und b^2 ersetzen:

$h^2 =$ ______ $=$ ______ $=$ ______

Dies ist ein weiterer Beweis des Höhensatzes.

> Kathetensatz:
> $b^2 = q \cdot c$
> $a^2 = p \cdot c$

4 Welche Terme müssen in die Lücken? Notiere dahinter, welchen Satz du verwendet hast: HS für Höhensatz, KS für Kathetensatz und P für Satz des Pythagoras.

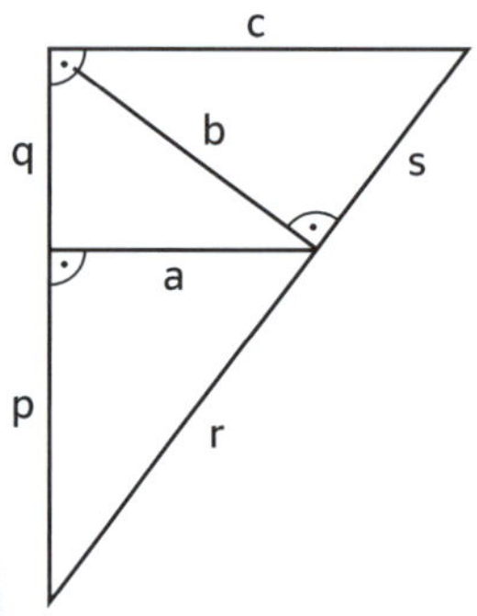

$b^2 = q \cdot \underline{(p + q)}$ KS

$b^2 = r \cdot$ ______ ____

$a^2 = b^2 -$ ______ ____

$a^2 = q \cdot$ ______ ____

$(p + q)^2 = b^2 +$ ______ ____

$p + q = \sqrt{\_\_\_\_ - c^2}$ ____

5 Dem Kreis mit dem Radius $r = 2{,}5\,cm$ ist ein Drachenviereck einbeschrieben. Die Diagonale $\overline{BD}$ des Vierecks hat die Länge 4 cm. Gesucht ist die Länge x der Strecke $\overline{MS}$. Der Umkreis des Vierecks ist gleichzeitig der ______-Kreis der beiden Teildreiecke ABC und DAC, die deshalb rechtwinklig sind. Mithilfe der Unbekannten x und des Radius 2,5 cm kannst du die Hypotenusenabschnitte wie folgt ausdrücken:

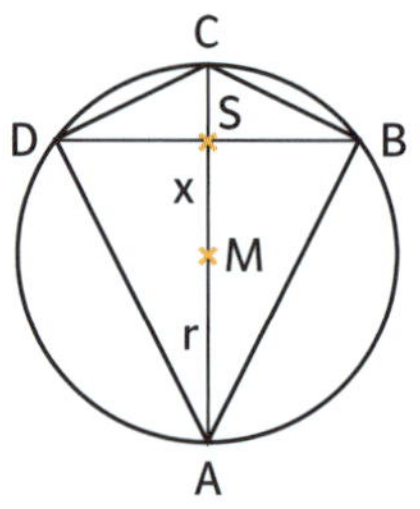

$\overline{AS} =$ ____ + ____ und $\overline{CS} =$ ____ − ____.

Und mit diesen Termen nun den Höhensatz ($\overline{SB}^2 = \overline{AS} \cdot \overline{CS}$):

$\overline{SB}^2 = (2\,cm)^2 = ($____ + ____$) \cdot ($____ − ____$) =$ ______________.

Nach x auflösen: ______________________________.

Also $x =$ ____ cm.

Die beiden folgenden Aufgaben hat Jörg Pilawa in „Pisa – der Ländertest“ seinen Kandidaten gestellt:

1 In einer Anzeige wird ein Fernseher mit einer Bilddiagonalen von 100 cm im Format 4 : 3 angeboten.
Wie hoch ist der Bildschirm dieses Gerätes?
Trage die fehlenden Werte des Bildschirms ein.

- ☐ 52,3 cm
- ☐ 60 cm
- ☐ 67,5 cm
- ☐ 75 cm

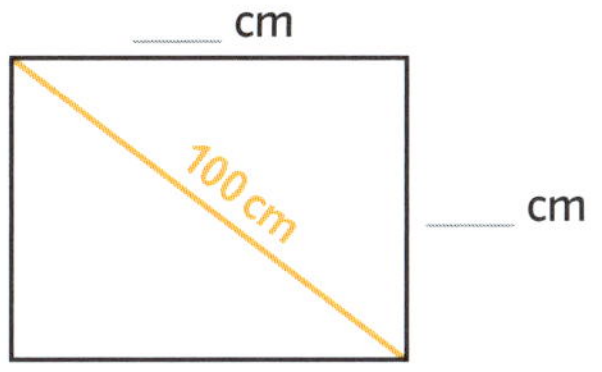

2 Ein Schrank ist 2,40 m hoch, 1,80 m breit und 80 cm tief.
Wie sollten Sie ihn kippen, um ihn in einem 2,50 m hohen Zimmer aufrichten zu können?

- ☐ auf die schmale Seite legen und dann aufrichten
- ☐ auf die Vorderseite legen und dann aufrichten
- ☐ Sie können ihn auf beide Arten aufrichten.
- ☐ Sie können den Schrank überhaupt nicht aufstellen.

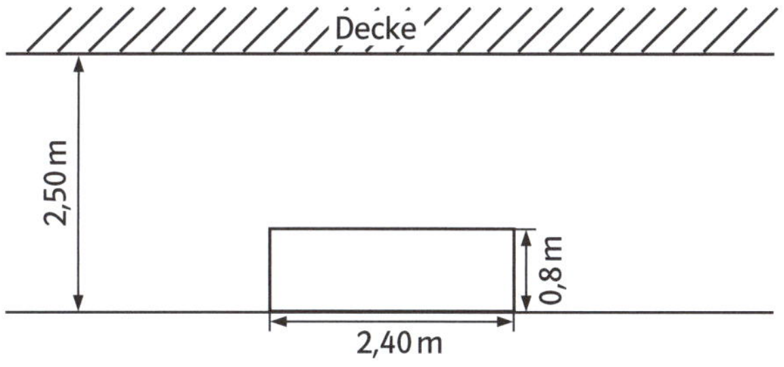

3 In einem Kreis mit Radius r ist eine Sehne $\overline{AB}$ der Länge 4 cm gegeben.
Der Punkt P hat von der Sehne den Abstand von 1 cm.
Bestimme den Kreisradius.

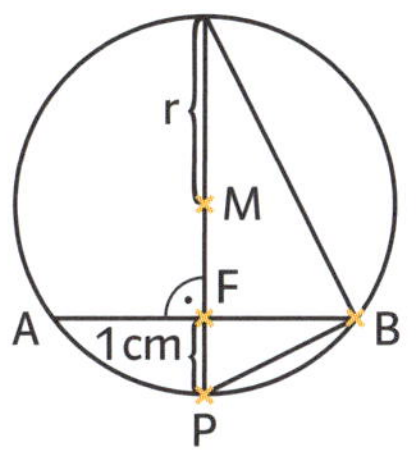

Zeichne zur Kontrolle die Figur mit den Originalmaßen.

× M

4 Vor einer Tunneldurchfahrt fehlt das Schild, das die maximale Durchfahrtshöhe angibt. Der Tunnel hat die Form eines Halbkreises (Satz des Thales!) mit dem Durchmesser von 8 m. Der Fußweg rechts und links ist 1 m breit, und wegen des Gegenverkehrs muss man damit rechnen, die komplett zur Verfügung stehende Straßenhälftenbreite von 3 m auszunutzen. Berechne die maximale Fahrzeughöhe.

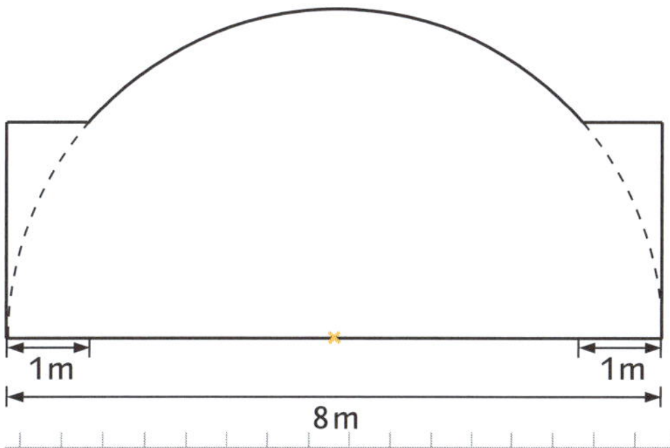

1 a) Die Länge der orangen Raumdiagonalen e im Quader mit den Seitenlängen $a = 3\,cm$, $b = 4\,cm$ und $c = 12\,cm$ soll schrittweise bestimmt werden. Bestimme zunächst die Länge der Diagonalen d im grauen Teildreieck der Frontfläche. Diese taucht in beiden Teilfiguren rechts auf.

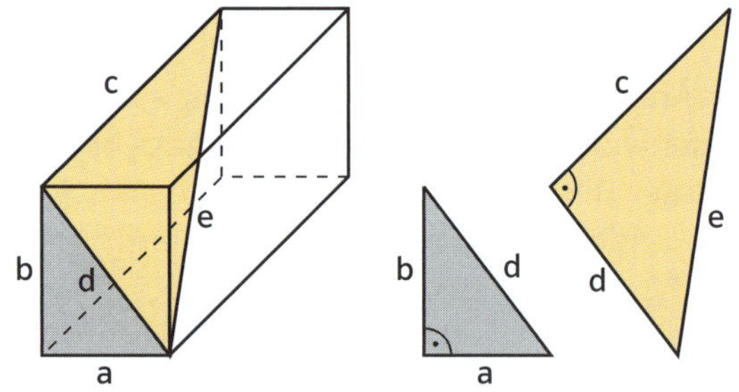

d = ______ cm

Bestimme dann die gesuchte Länge e.

e = ______ cm

b) Erstelle nun eine Formel für die Länge der Raumdiagonalen eines Quaders. Für die Länge der Frontdiagonalen d gilt: $d^2 =$ __________.

Der Satz des Pythagoras für das orange Teildreieck rechts liefert die Gleichung: $e^2 =$ __________.

Für d^2 den Term oben einsetzen: $e^2 =$ ______________ oder $e = \sqrt{\_\_\_\_\_\_\_\_\_\_}$.

2 Passt eine 14 cm lange Stricknadel in eine 12,7 cm lange, 5 cm breite und 26 mm hohe Schachtel?

____

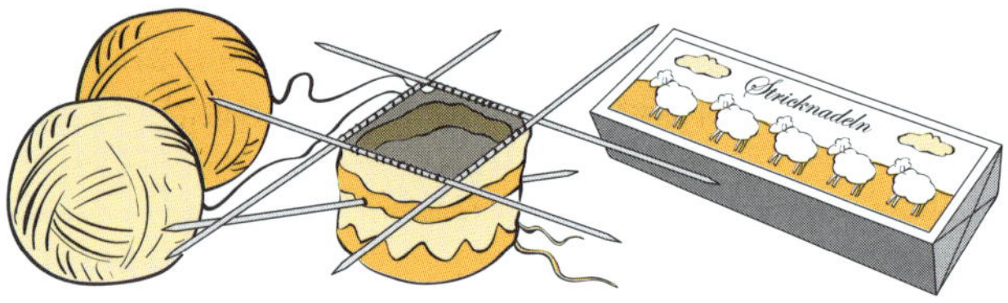

3 Pascal möchte kleine Pyramiden aus Plexiglas mit quadratischer Grundfläche (Seitenlänge 6 cm) und der Höhe $h = 6\,cm$ basteln. Wie sind die genauen Maße der Pyramiden, die die gewünschte Höhe haben? Berechne schrittweise.

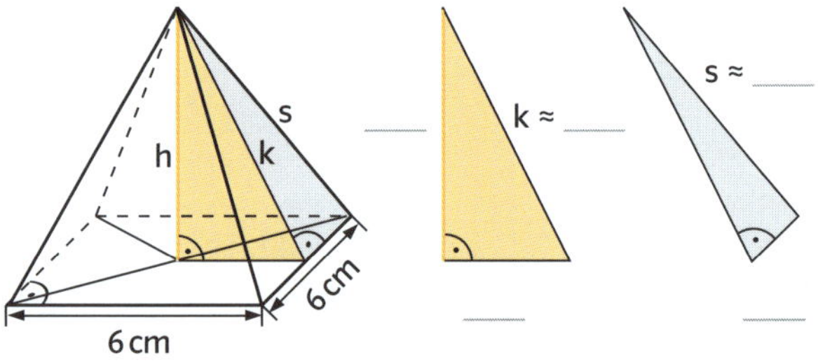

Die Pyramiden sollen aus den vier Seitenwänden ohne Boden gefertigt werden. Wie kann Pascal möglichst einfach und ohne viel Verschnitt die vier Seitenteile aus der Plexiglasscheibe schneiden? Eine Möglichkeit siehst du rechts. Beschrifte die Skizze mit den richtigen Maßen und schätze ab, wie viel cm^2 Plexiglas für eine Pyramide berechnet werden müssen; berücksichtige dabei den Verschnitt:

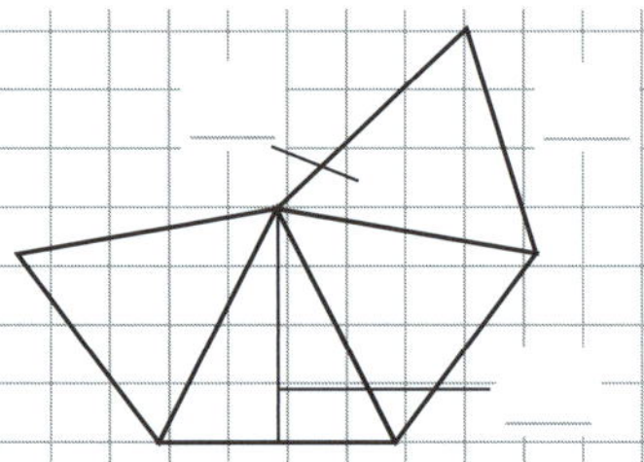

____

Hast du eine bessere Idee, wie Pascal vorgehen könnte? Zeichne und rechne.

Fülle die Lücken. Für jeden Buchstaben findest du einen Strich. Löse dann die Beispielaufgaben.

Kathetensatz

In jedem rechtwinkligen Dreieck gilt: Das Quadrat über einer Kathete hat den gleichen

_ _ _ _ _ _ _ _ _ _ _ _ _ _ wie das Rechteck, das aus dem anliegenden Hypotenusenabschnitt und der Hypotenuse gebildet wird. Kurz:

$a^2 =$ ______ und $b^2 =$ ______

■ Vervollständige die Figur zur ersten Gleichung des Kathetensatzes ($a^2 =$ ______).

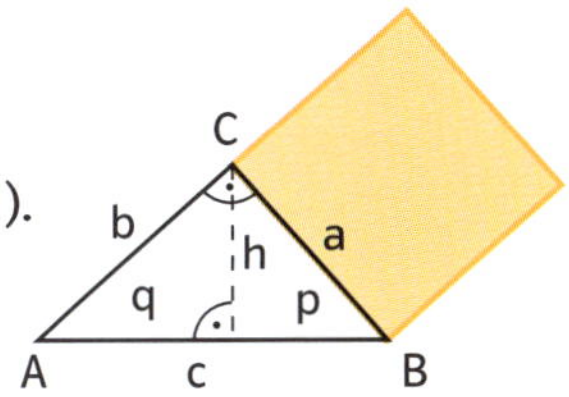

a; b = Kathete
c = Hypotenuse
q; p = Hypotenusenabschnitt

Höhensatz

In jedem rechtwinkligen Dreieck gilt: Das Quadrat über der Höhe hat den gleichen

_ _ _ _ _ _ _ _ _ _ _ _ _ _ wie das Rechteck, das aus den beiden Hypotenusenabschnitten gebildet wird.

Kurz: $h^2 =$ ______

■ Vervollständige die Figur zum Höhensatz.

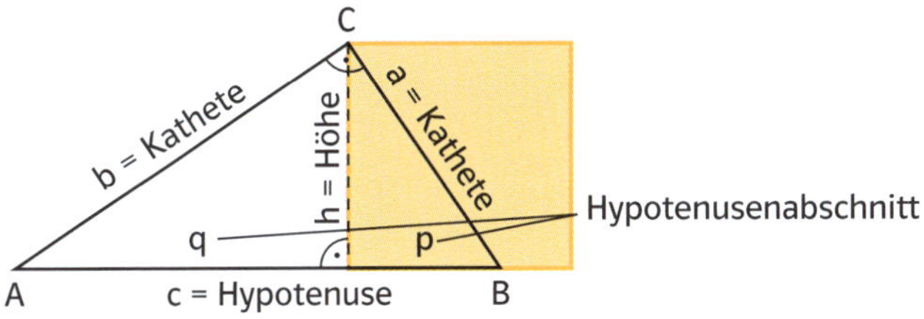

Satz des Pythagoras

In jedem rechtwinkligen Dreieck gilt: Die beiden Quadrate über den Katheten haben zusammen den gleichen Flächeninhalt wie das Quadrat über der

_ _ _ _ _ _ _ _ _ _ . Kurz: ______________

a; b = Kathete
c = Hypotenuse
q; p = Hypotenusenabschnitt
h = Höhe

■ Vervollständige die Figur zum Satz des Pythagoras.

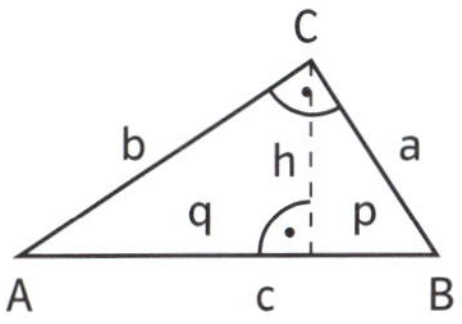

Umkehrung des Satzes von Pythagoras

Gilt in einem Dreieck die Beziehung $a^2 + b^2 = c^2$, so ist das Dreieck rechtwinklig mit c als Hypotenuse.

■ Welches Dreieck ist rechtwinklig? Unterstreiche die Hypotenuse.

①	②	③
a = 5 cm	a = 10 m	a = 12 dm
b = 6 cm	b = 8 m	b = 15 dm
c = 8 cm	c = 6 m	c = 8 dm

Nützliche Formeln

Diagonale im Quadrat: d = ______________

Höhe h im gleichseitigen Dreieck: h = ______________

Raumdiagonale im Würfel: D = ______________

■ Zeichne je eine Diagonale und (im Dreieck) die Höhe ein.

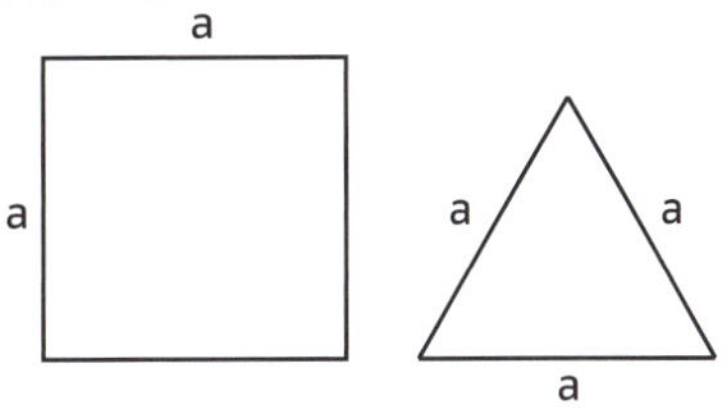

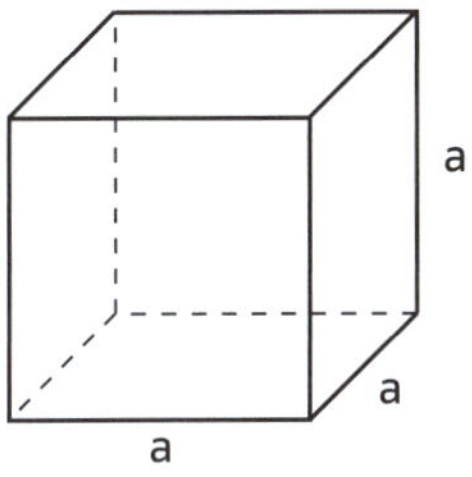

1 Kreuze an.

	natürliche Zahl	ganze Zahl	rationale Zahl	irrationale Zahl
1	○	○	○	○
−1	○	○	○	○
$\frac{1}{2}$	○	○	○	○
−1,5	○	○	○	○
1,010 01…	○	○	○	○
$1,\overline{1}$	○	○	○	○

2 Wie groß ist die Seitenlänge a eines Quadrats mit dem gegebenen Flächeninhalt A?

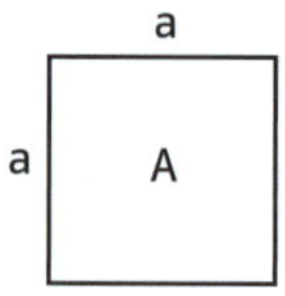

a) $A = 4900\,\text{dm}^2$ a = ____________

b) $A = 8\,\text{m}^2$ a = ____________

c) $A = 1\,\text{ha}$ a = ____________

d) $A = 12{,}25\,\text{cm}^2$ a = ____________

e) $A = 10\,\text{dm}^2$ a = ____________

f) $A = 3{,}61\,\text{mm}^2$ a = ____________

3 Ordne der Größe nach.

a) $\sqrt{5}$; 2,32; $2,\overline{23}$; $\sqrt{6}$; $2,\overline{4}$; 2,46

____

b) $\sqrt{7}$; $\sqrt{8}$; 2,5; 2,46; $2,\overline{82}$; 2,64

____

4 Vereinfache durch Ausklammern oder Ausmultiplizieren.

a) $2 \cdot \sqrt{7} + 5 \cdot \sqrt{7} =$ ____________

b) $\sqrt{3} \cdot \sqrt{75} - \sqrt{5} \cdot \sqrt{125} =$ ____________

c) $\sqrt{2} \cdot (\sqrt{18} - \sqrt{50}) =$ ____________

d) $\sqrt{9} \cdot \sqrt{15} - 2 \cdot \sqrt{15} =$ ____________

5 Von einem rechtwinkligen Dreieck sind die Länge der Hypotenuse (c = 5 cm) und die eines Hypotenusenabschnitts (p = 1,8 cm) bekannt. Berechne die Längen der beiden Katheten.

$a^2 = c \cdot p =$ ____ · ____ = ____, also a = ____

$b^2 =$ ____ · ____ = ____ · ____ = ____, also b = ____

6 Um die Entfernung der beiden Punkte A und B (am anderen Flussufer) zu bestimmen, wird B von A und einem weiteren Punkt C aus angepeilt. Es ergibt sich dabei nebenstehende Figur. Kannst du aus diesen Angaben die Entfernung von A und B bestimmen?

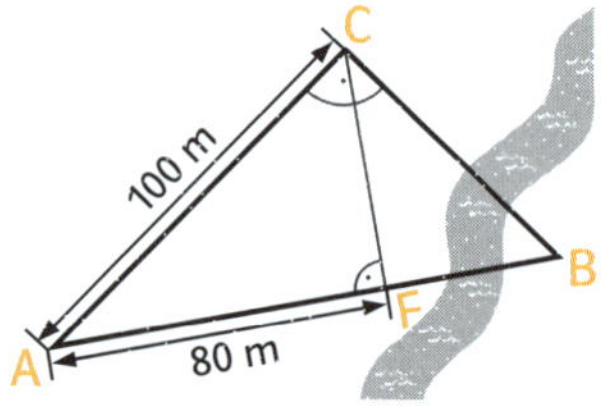

____

____

____

____

7 Berechne die Länge der Diagonalen.

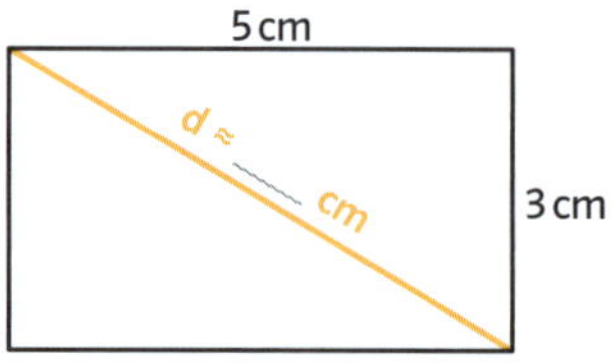

8 Bestimme die Seitenlänge a der Raute sowie ihren Flächeninhalt.

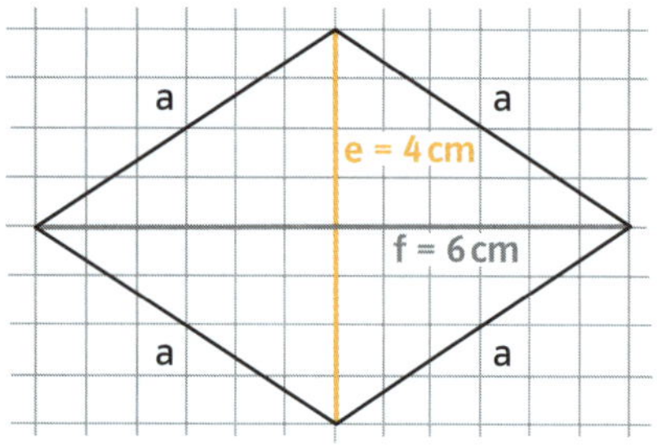

a = ____________

A = ____________

9 Berechne die Länge der Schenkel im gleichschenkligen Dreieck.

a ≈ ________ cm

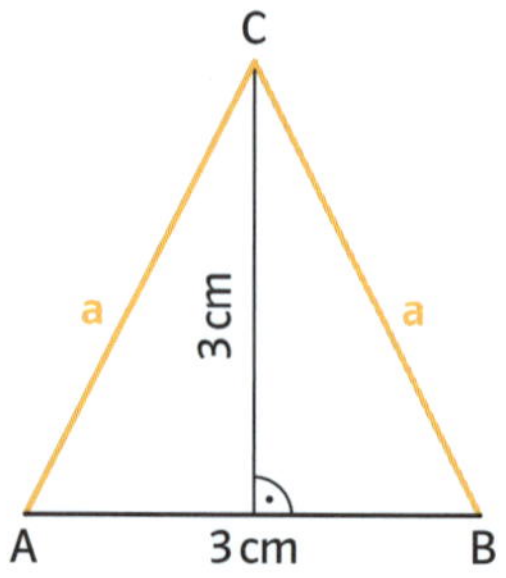

1 Zeichne ein ähnliches Dreieck mit dem Maßstab 3 : 2 (Vergrößerungsfaktor $\frac{3}{2}$).
Miss anschließend die Winkel und überzeuge dich davon, dass sie jeweils gleich sind.

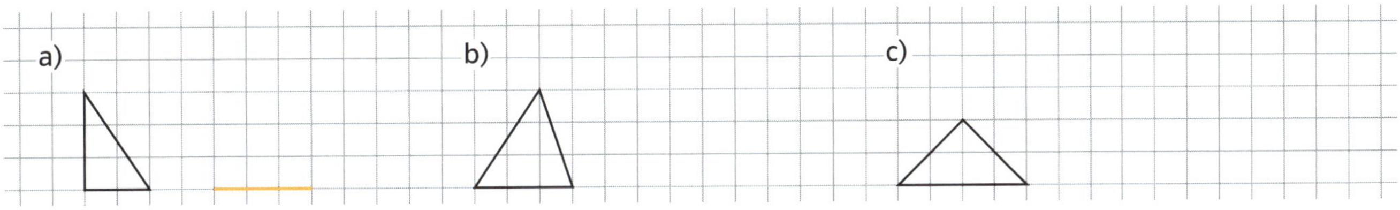

90° ; ______ ; ______ ______ ; ______ ; ______ ______ ; ______ ; ______

2 Zeichne ein ähnliches Rechteck mit dem Maßstab 2 : 3 (Vergrößerungsfaktor $\frac{2}{3}$).

Ist der Vergrößerungsfaktor kleiner als 1, so wird die Figur verkleinert.

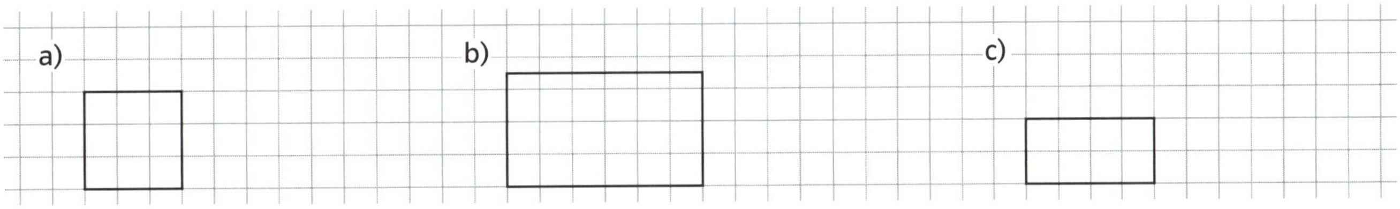

3 Der Eiffelturm in Paris ist 321 m hoch. Im Bild rechts ist er nur ______ mm hoch. Die Abbildung ist also im Maßstab ______ verkleinert.
Der Vergrößerungsfaktor ist ______ .

4 Auf dem Display einer Digitalkamera ist eine Mücke 2 cm lang. In Wirklichkeit misst sie 9 mm. Ein Elefant kann bis zu 10 m lang und 4 m hoch werden. Welche Abmessungen müsste eine Plakatwand etwa haben, damit ein Elefant im selben Maßstab (______) wie die Mücke vergrößert dargestellt werden könnte?

Plakatwand: ______ m × ______ m

5 a) Konstruiere in der Mitte ein Dreieck mit $a = 4{,}4\,cm$; $b = 4\,cm$ und $c = 3{,}6\,cm$.
b) Konstruiere rechts daneben ein dazu ähnliches Dreieck mit $c' = 4{,}5\,cm$.

(Vergrößerungsfaktor: ______)

Berechne zunächst die übrigen Seitenlängen des ähnlichen Dreiecks: $a' =$ ______ cm; $b' =$ ______ cm.

c) Konstruiere links daneben ein ähnliches Dreieck mit $a'' = 1{,}1$ cm. (Vergrößerungsfaktor: ______)

Übrige Seitenlängen des ähnlichen Dreiecks: $b'' =$ ______ cm; $c'' =$ ______ cm.

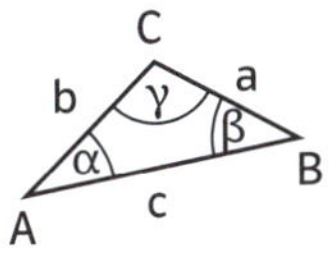

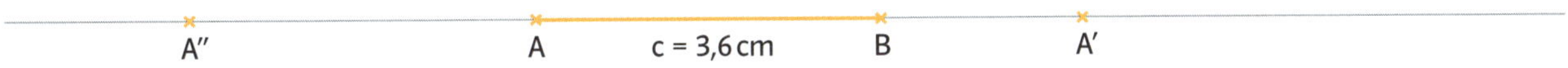

1 Führe eine zentrische Streckung mit dem Streckzentrum S und mit dem Streckfaktor $k = 2$ aus.

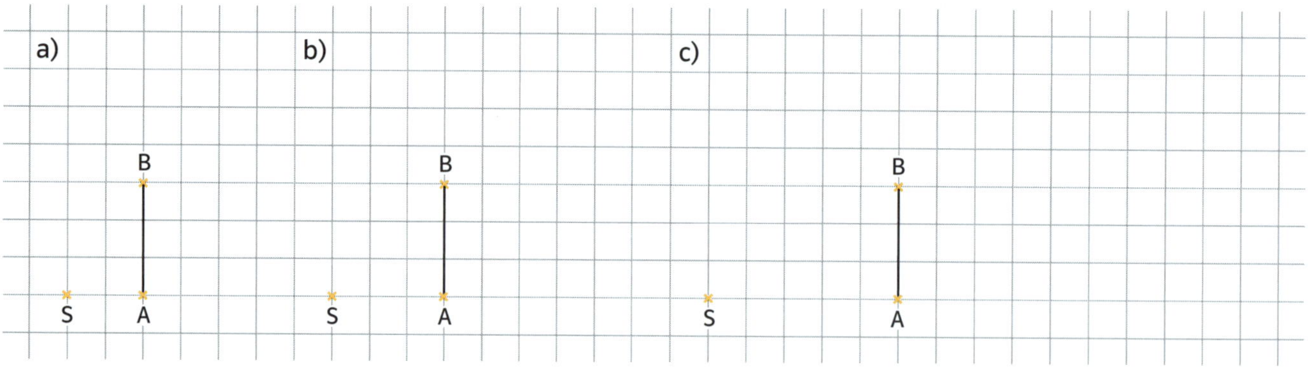

Unabhängig von der Lage des Streckzentrums S hat die Bildstrecke stets die ____________________

____________________ der Ausgangsstrecke.

2 Prüfe, ob die orange Figur durch eine Streckung entstanden sein kann. Zeichne gegebenenfalls das Streckzentrum S ein und gib den Streckfaktor k an.

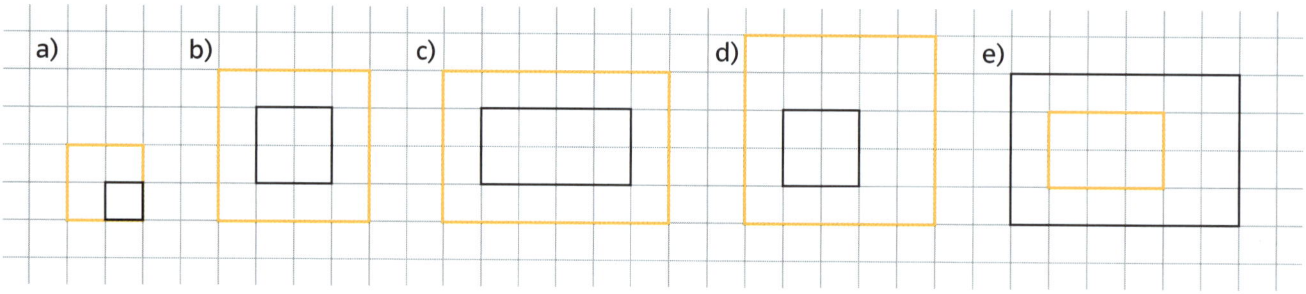

k = ________ k = ________ k = ________ k = ________ k = ________

3 a) Zeichne das Bild des Dreiecks ABC bei einer zentrischen Streckung mit Streckzentrum A und Streckfaktor 1,5. Benenne die Eckpunkte des Bilddreiecks mit A, B′ und C′.
b) Bilde dann das Dreieck AB′C′ mit dem Streckzentrum B′ und dem Streckfaktor 2 auf das Dreieck A″B′C″ ab (in einer anderen Farbe).

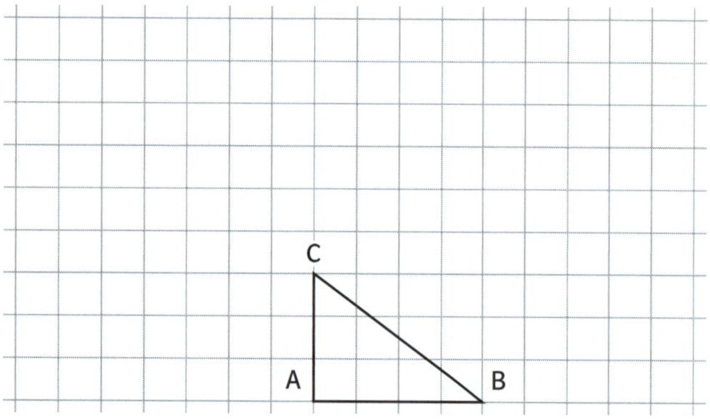

c) Gibt es eine zentrische Streckung, mit der das Dreieck ABC direkt auf das Dreieck A″B′C″ abgebildet werden kann? Wenn ja, zeichne das Streckzentrum ein und gib den Streckfaktor an.

k = ________

4 Zeichne das Bild bei einer zentrischen Streckung
a) mit dem Streckfaktor 0,75 und dem Streckzentrum S.
b) mit dem Streckfaktor 1,5 und demselben Streckzentrum S (in einer anderen Farbe).

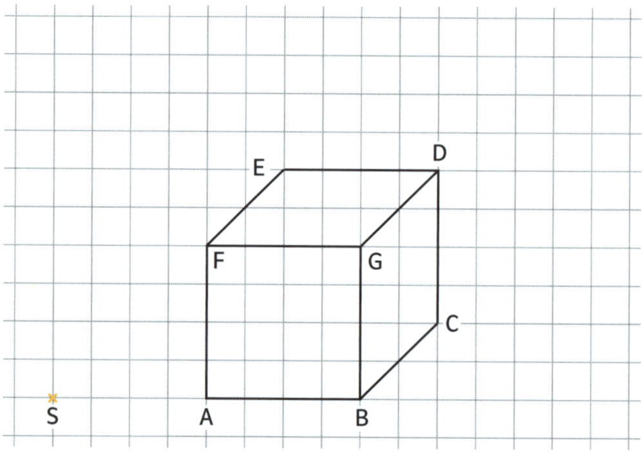

c) Der Streckfaktor von der ersten Bildfigur (Teilaufgabe a) zur zweiten Bildfigur (Teilaufgabe b) ist bei demselben Streckzentrum S

k = ________ .

1 Führe die zentrische Streckung mit dem angegebenen Streckfaktor aus. Bestimme die Flächeninhalte von der Ausgangsfigur (A_A) und der Bildfigur (A_B).

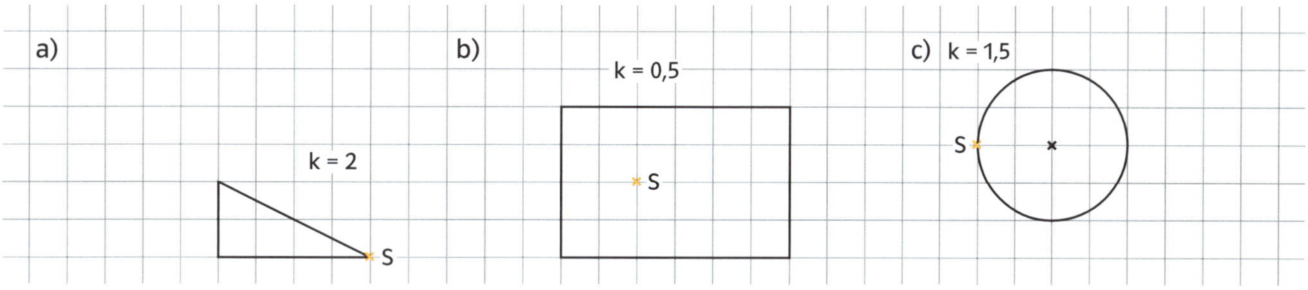

A_A = ________ A_B = ________ A_A = ________ A_B = ________ $A_A \approx$ ________ $A_B \approx$ ________

2 Zeichne in das Koordinatensystem das Dreieck ABC mit A(1 | 1), B(7 | 1) und C(2 | 5) sowie das Streckzentrum S(0 | 0) ein.
Führe anschließend eine zentrische Streckung mit dem Streckfaktor k = 2 aus.

Flächeninhalt des Ausgangsdreiecks: ________ cm^2
1 Kästchenlänge ≙ 5 mm.
Flächeninhalt des Bilddreiecks: ________ cm^2

Der Flächeninhalt hat sich um den Faktor ________ vergrößert.

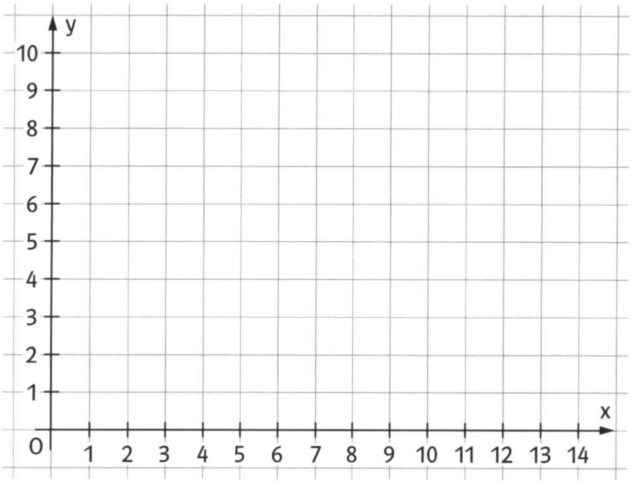

3 Strecke das Quadrat der Seitenlänge 3 cm mit dem eingezeichneten Streckzentrum S mit folgenden Streckfaktoren: k = 2; k = 0,5 und k = 1,5. Fülle dann die Tabelle aus.

k	Fläche	Umfang
1	$9\ cm^2$	12 cm
2		
0,5		
1,5		

Um den Flächeninhalt zu verneunfachen, müsste man den Streckfaktor ________ wählen.

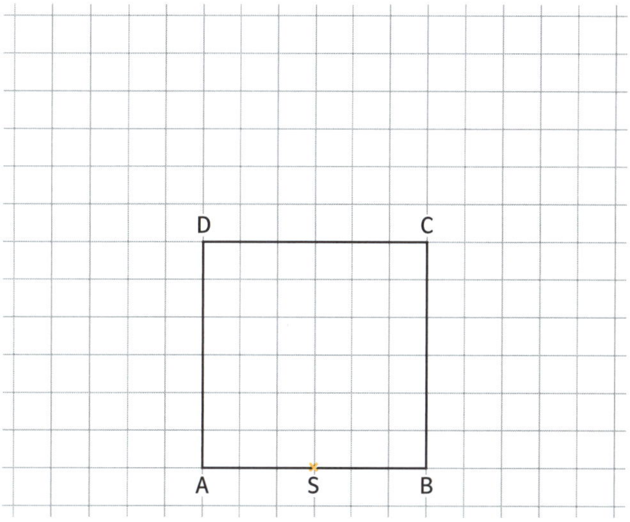

4 Der Drachen mit den Diagonalen der Längen 3 cm und 5 cm ist zu einem zweiten Drachen mit einer Diagonalenlänge von 4 cm ähnlich. Zeichne die beiden Möglichkeiten in die Figur ein, wobei der Diagonalenschnittpunkt das Streckzentrum sein soll. Fülle anschließend die Tabelle aus.

Länge der Diagonalen	Flächeninhalt	Streckfaktor
3 cm; 5 cm		1
4 cm; ________		
4 cm; ________		

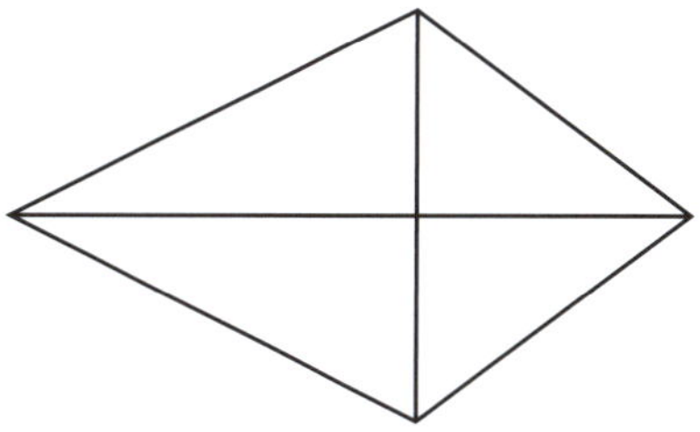

1 Ergänze die Gleichungen zu der Strahlensatzfigur.

a)

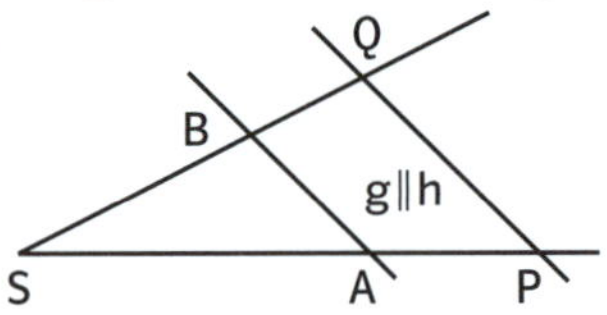

$\frac{\overline{SA}}{\overline{SP}} = \frac{\overline{SB}}{} = \frac{\overline{AB}}{}$

$\frac{\overline{BQ}}{\overline{SB}} = \frac{}{}$

b)

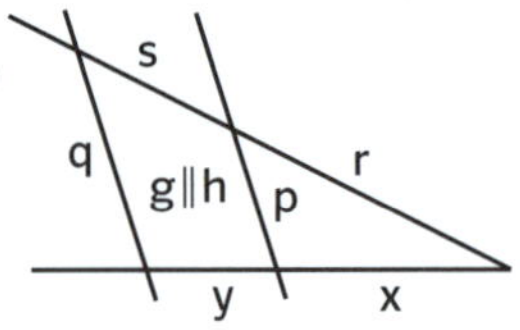

$\frac{x}{y} = \frac{}{}$

$\frac{x}{x+y} = \frac{r}{} = \frac{}{}$

2 In den orangen Lösungen stecken insgesamt sechs Fehler. Finde und korrigiere sie.

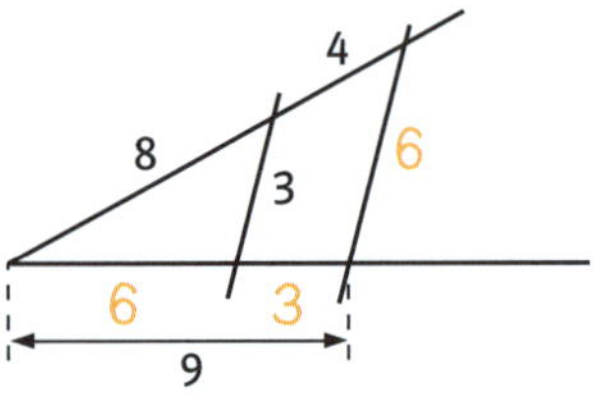

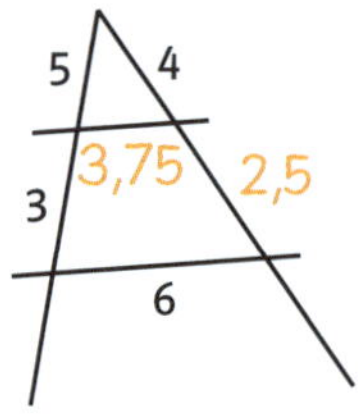

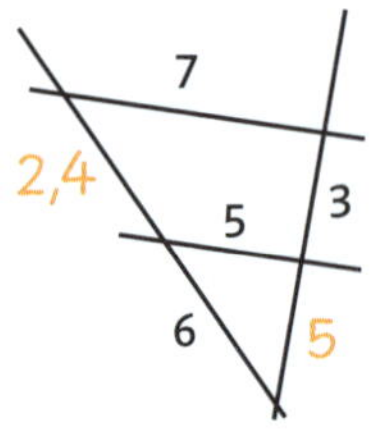

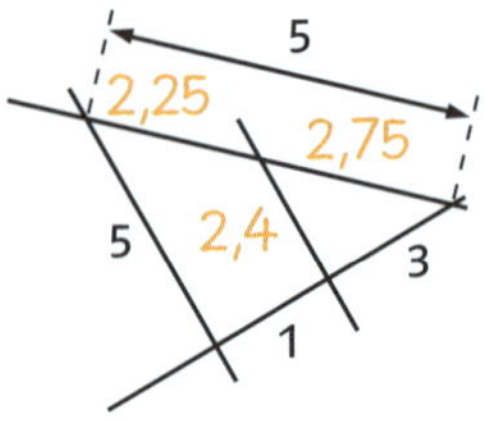

3 Berechne alle fehlenden Stücke. Ergänze dabei zunächst die Strahlensatzgleichungen. In Teilaufgabe b) sind drei Stücke gleich lang.

a)

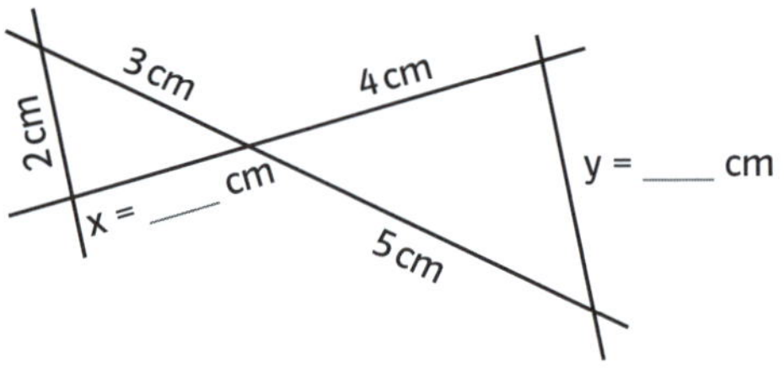

$\frac{x}{4\,cm} = \frac{}{}$

x = ________ cm

$\frac{y}{2\,cm} = \frac{}{}$

y = ________ cm

b)

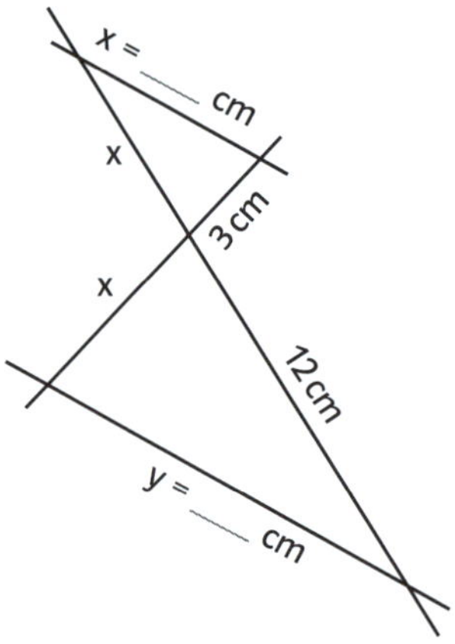

$\frac{x}{3\,cm} = \frac{}{}$

x = ________ cm

$\frac{y}{12\,cm} = \frac{}{}$

y = ________ cm

4 Berechne die fehlenden Längen. Kennzeichne zunächst die gegebenen Stücke in der Skizze farbig.

Skizze	a) 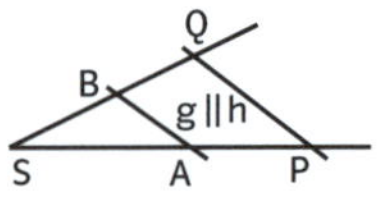	b) 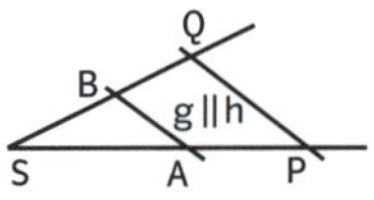	c) 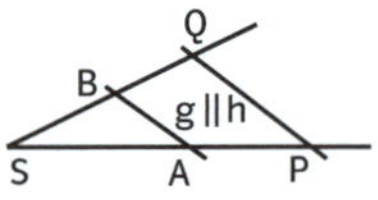	d) 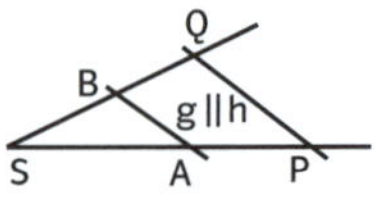
$\overline{SA}$	6 cm	3 mm		10 dm
$\overline{SP}$	10 cm		3 dm	
$\overline{SB}$	8 cm		15 cm	0,5 m
$\overline{SQ}$		8 mm		7 dm
$\overline{AB}$	3 cm	2 mm	0,7 dm	
$\overline{PQ}$		4 mm	10,5 cm	84 cm

Strahlensätze (2)

1 Ergänze zu der Strahlensatzfigur die Verhältnisgleichungen so oft wie vorgegeben.

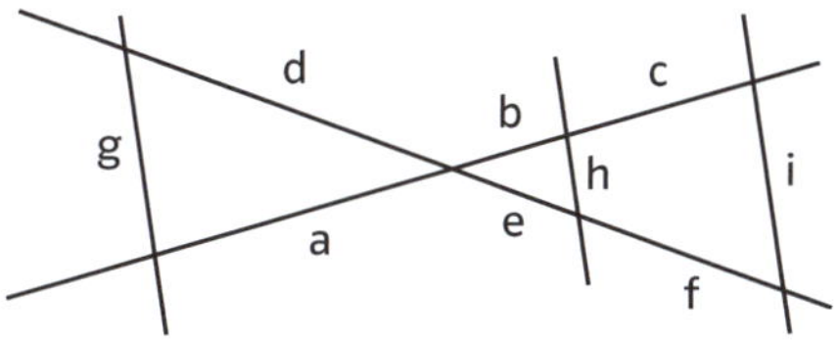

$\frac{b + c}{b} = \frac{\square}{\square}$

$\frac{h}{i} = \frac{\square}{\square} = \frac{\square}{\square}$

$\frac{i}{b + c} = \frac{\square}{\square} = \frac{\square}{\square}$

$\frac{b}{e} = \frac{\square}{\square} = \frac{\square}{\square}$

2 Berechne die drei fehlenden orange markierten Stücke mithilfe der Strahlensatzgleichungen. Konstruiere zur Kontrolle die Figur in Originalgröße. Eine Seite ist schon eingezeichnet.

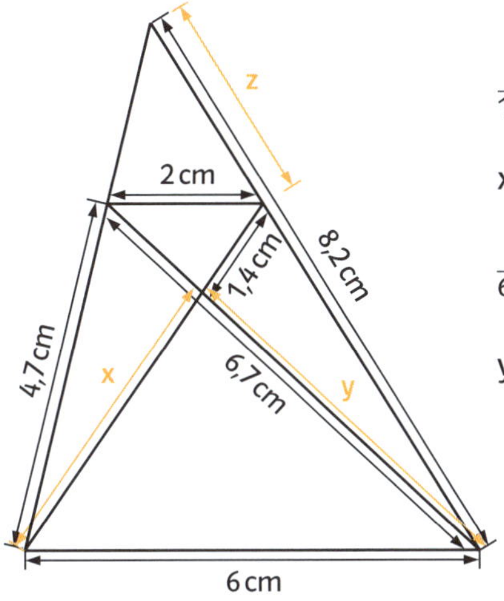

$\frac{x}{1{,}4\,\text{cm}} = \frac{\square}{\square}$

x = ______ cm

$\frac{y}{6\,\text{cm}} = \frac{\square}{\square}$

y ≈ ______ cm

____

____

$\frac{z}{8{,}2\,\text{cm}} = \frac{\square}{\square}$

z ≈ ______ cm

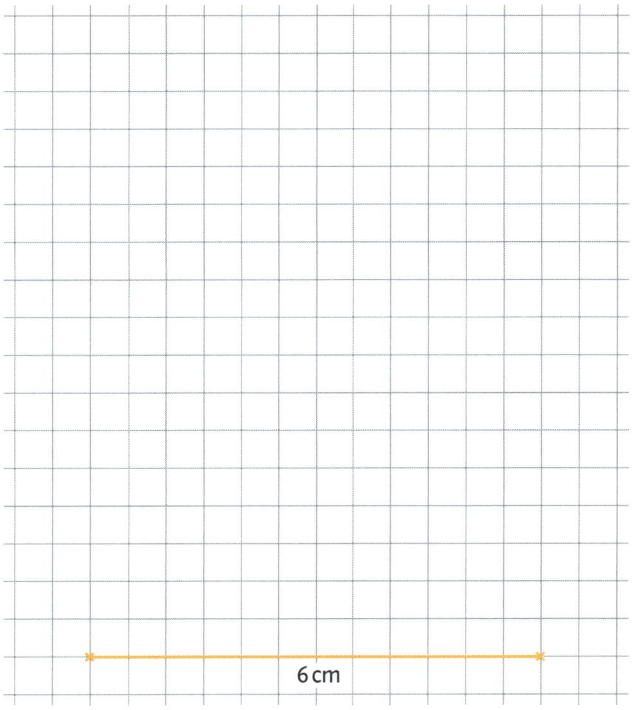

3 In der nebenstehenden Figur sollen die Längen der Strecken x und y bestimmt werden. Fatih entdeckt im rechten Teil eine Strahlensatzfigur.

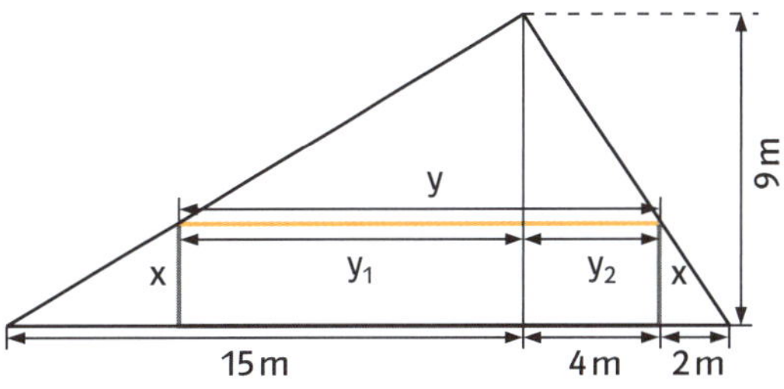

$\frac{x}{9\,\text{m}} = \frac{\square}{\square}$ also: x = ______ m

Zur Berechnung von y zerlegt Fatih die Strecke in die beiden Teilstrecken y_1 und y_2 (siehe Figur). Diese berechnet er wieder mit dem Strahlensatz (das Ergebnis von oben für x einsetzen).

$\frac{y_1}{15\,\text{m}} = \frac{9\,\text{m} - x}{9\,\text{m}} = \frac{\square}{9\,\text{m}}$ also: y_1 = ______ m

$\frac{y_2}{6\,\text{m}} = \frac{9\,\text{m} - x}{9\,\text{m}} = \frac{\square}{9\,\text{m}}$ also: y_2 = ______ m

Also: $y = y_1 + y_2 =$ ______ m + ______ m = ______ m

Lazaros meint, er könne die Länge der Strecke y in nur einem Schritt berechnen, indem er sie zur gesamten Grundseite der Figur ins Verhältnis setzt.

$\frac{y}{21\,\text{m}} = \frac{9\,\text{m} - x}{9\,\text{m}} = \frac{\square}{9\,\text{m}}$ also: y = ______ m

Überlege, warum Lazaros' Idee Erfolg hat und formuliere den verallgemeinerten Strahlensatz:
In jeder Strahlensatzfigur mit drei oder mehr Strahlen verhalten sich die Abschnitte auf den

______________________ wie die vom Anfangspunkt aus gemessenen entsprechenden Abschnitte auf jedem Strahl.

1 Eine Mauer wirft zu einer bestimmten Uhrzeit einen Schattenstreifen, der 9,4 m breit ist. Luc stellt sich so in diesen Schattenraum, dass er gerade keinen sichtbaren Schatten mehr erzeugt. Luc ist 1,75 m groß und steht 8 m von der Mauer entfernt. Ergänze die Zeichnung, stelle eine Strahlensatzgleichung auf und berechne die Höhe h der Mauer.

h = ______ m

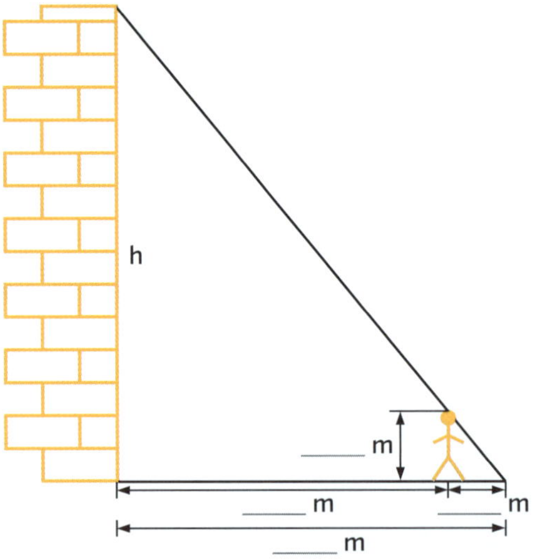

2 Bei einer Lochkamera wird das Bild eines Gegenstands mithilfe einer kleinen Öffnung auf einem Schirm (Rückwand der Box) erzeugt. Im Physikunterricht wird meist das Bild einer Kerzenflamme untersucht.

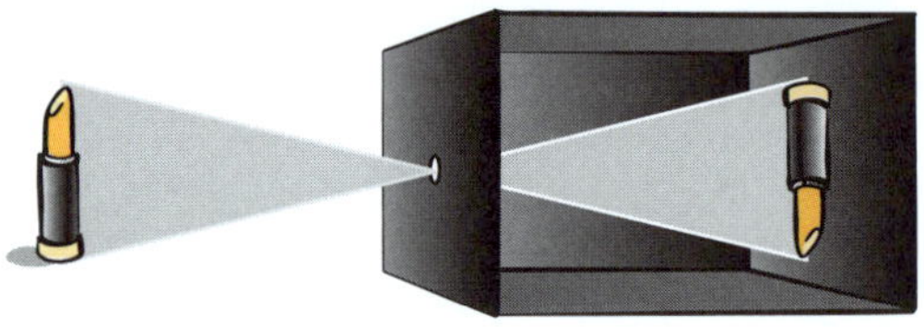

a) Wenn der Abstand vom Loch zum Schirm größer wird, so wird das Bild ☐ größer/☐ kleiner/☐ gleich groß.

b) Wird der Abstand vom Gegenstand zum Loch größer, so wird das Bild ☐ größer/☐ kleiner/☐ gleich groß.

c) Ein Lippenstift ist 6 cm hoch und der Abstand vom Loch zum Schirm beträgt 10 cm. Damit das Bild des Lippenstifts 1 cm groß wird, muss er ______ cm vor dem Loch platziert werden.

3 Johanna ist bei der Schulaufführung eines Schattentheaters beteiligt. Sie wird von einem Scheinwerfer angestrahlt und ihr Schatten fällt auf eine Leinwand, die sich zwischen ihr und dem Publikum befindet.

a) Wenn sich Johanna der Leinwand nähert, so wird ihr Schatten ______________ (größer/kleiner).

b) Johanna stellt sich genau in die Mitte zwischen Scheinwerfer und Leinwand. Ihr Schatten ist dann

______________________________ wie sie.

c) Nun stellt sie sich so, dass es 3 m bis zum Scheinwerfer und 7 m bis zur Leinwand sind. Johanna ist 1,59 m groß. Johannas Schatten ist dann ______ m groß. (Rechne und zeichne rechts.)

4 Kim sieht aus dem Fenster des Klassenzimmers einen Kirchturm. Bei ausgestrecktem Arm verdeckt ihre waagerechte Daumenbreite den Turm gerade vollständig. Sie überlegt, ob sie mithilfe der Strahlensätze berechnen kann, wie hoch der Kirchturm ist. Sie misst ihre Daumenbreite (12 mm) und die Länge ihres ausgestreckten Arms (70 cm). Welche Angabe fehlt ihr, damit sie die Höhe des Kirchturms berechnen kann?

____

1 Zeichne in das Koordinatensystem das Dreieck ABC mit A(6 | 4), B(8 | 4) und C(6 | 5). Bilde das Dreieck durch folgende Ähnlichkeitsabbildungen ab. Verwende dabei unterschiedliche Farben.
a) zentrische Streckung mit dem Streckzentrum A und $k = 3$, Drehung um A um 180°
b) zentrische Streckung mit dem Streckzentrum B(8 | 4) und $k = 2$, Drehung um B um 90°
Um von der Bildfigur von Teilaufgabe b) direkt zur Bildfigur von Teilaufgabe a) zu gelangen, muss man folgendermaßen vorgehen:

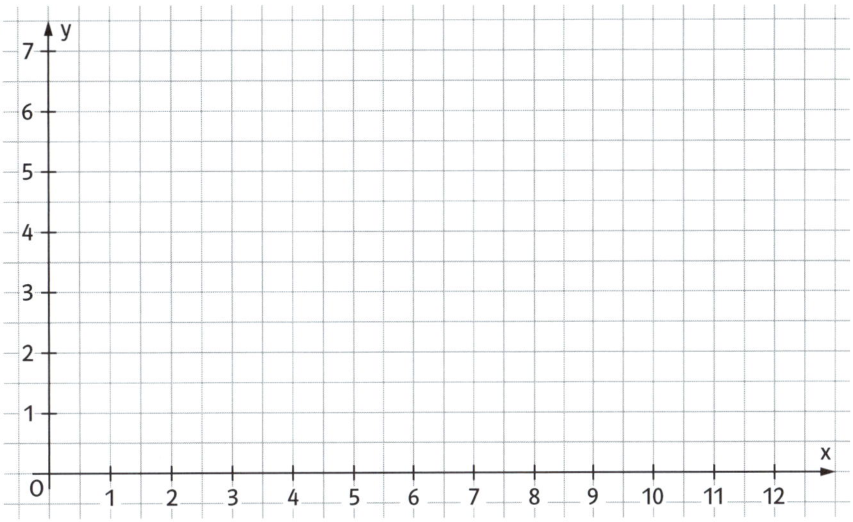

Streckung mit $k =$ ______, Drehung um ______° und anschließende Verschiebung.

2 Zwei Pfähle der Länge 3 m und 2 m stehen im Abstand von 5 m. Der Fuß des einen Pfahls wird mit der Spitze des anderen durch ein Seil verbunden und umgekehrt.
a) In der Figur kannst du zwei Paare von ähnlichen Dreiecken entdecken: Dreieck ABE ist ähnlich zu Dreieck ______,
und Dreieck ______ ist ähnlich zu Dreieck ______.
b) Ergänze die beiden Gleichungen unter der Zeichnung, löse sie nach h auf und bestimme mit dem Gleichsetzungsverfahren die Lösung des Gleichungssystems.
c) Wenn die beiden Pfähle statt 5 m nun 10 m auseinander stehen, in welcher Höhe treffen sich dann die beiden Seile? Schätze zunächst und rechne dann.

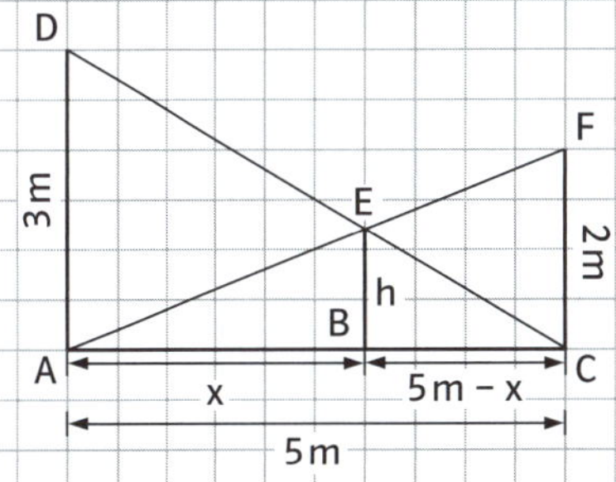

$\frac{h}{3\,m} =$ ______ ; $h =$

$\frac{h}{2\,m} =$ ______ ; $h =$

☐ höher ☐ tiefer ☐ in gleicher Höhe

Die Seile treffen sich in der Höhe $h =$ ______ m.
d) Vermutung: Die beiden Seile treffen sich immer ______________________, egal wie weit die beiden Pfähle auseinander stehen. Nenne den Abstand der beiden Pfähle a und rechne wie oben im Heft.

3 a) Weise nach, dass die beiden Dreiecke ähnlich sind, indem du alle Winkel in Abhängigkeit von α ausdrückst.

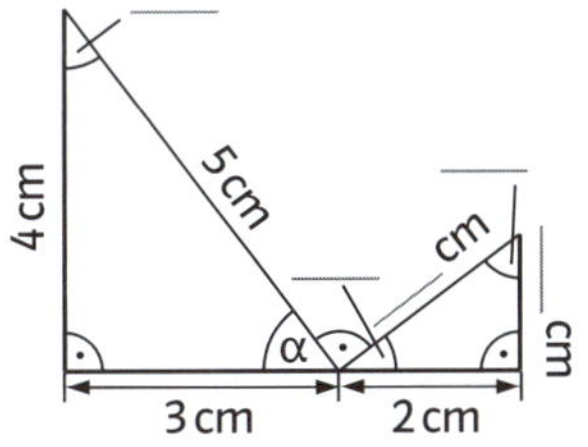

b) Berechne die fehlenden beiden Seitenlängen, indem du diese Ähnlichkeit ausnützt.

Fülle die Lücken. Für jeden Buchstaben findest du einen Strich. Löse dann die Beispielaufgaben.

Ähnliche Figuren

Zwei Figuren heißen ähnlich, wenn die Längenverhältnisse entsprechender _ _ _ _ _ _ und entsprechende _ _ _ _ _ _ gleich groß sind.

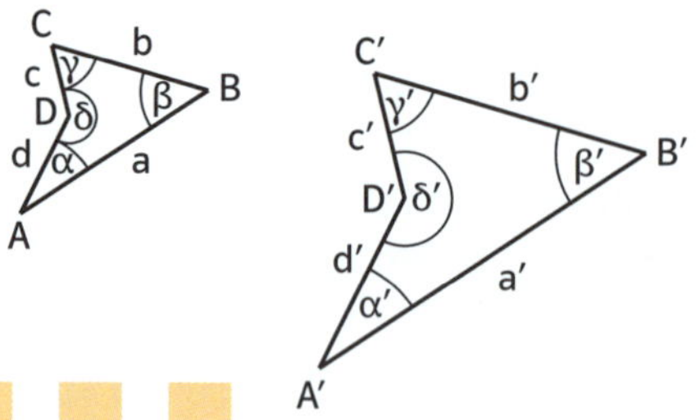

$\frac{a}{a'} = \frac{\square}{\square} = \frac{\square}{\square} = \frac{\square}{\square}$

$\alpha = \alpha'$

$\beta =$ ______

$\gamma =$ ______

$\delta =$ ______

Zentrische Streckungen

Bei einer zentrischen Streckung mit dem Streckfaktor ___ und dem Streckzentrum ___ gilt:

- Jeder Bildpunkt liegt auf dem vom Streckzentrum ausgehenden Strahl.
- Jede Strecke und ihre Bildstrecke sind parallel.
- Figur und Bildfigur sind _ _ _ _ _ _ _ _.

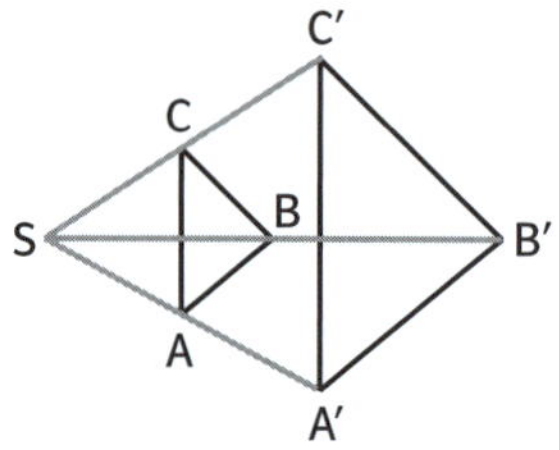

$\overline{SA'} = k \cdot$ ______ usw.

$\overline{A'B'} = k \cdot$ ______ usw.

- Im Bild ist $k =$ ______. Zeichne in die Figur noch eine weitere Bildfigur mit $k' = 1{,}5$.

Strahlensätze

1. Strahlensatz: In jeder Strahlensatzfigur verhalten sich die von S aus gemessenen Abschnitte auf dem einen Strahl wie die entsprechenden Abschnitte auf dem anderen Strahl.
2. Strahlensatz: In jeder Strahlensatzfigur verhalten sich die Abschnitte auf den Parallelen wie die von S aus gemessenen entsprechenden Abschnitte auf jedem Strahl.

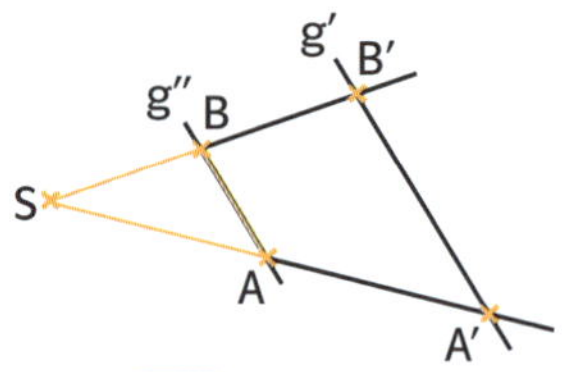

$\frac{\overline{SB}}{\overline{SB'}} = \frac{\square}{\square}$

$\frac{\overline{AB}}{\overline{A'B'}} = \frac{\overline{SA}}{\square}$

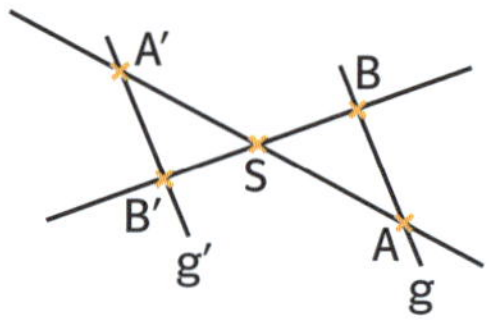

$g' \parallel g$

Ähnlichkeitsabbildungen

Führt man eine zentrische Streckung und Kongruenzabbildungen (Punktspiegelung, Achsenspiegelung, Drehung oder Verschiebung) hintereinander aus, so sind Figur und Bildfigur zueinander _ _ _ _ _ _ _ _.

Ähnliche Dreiecke

Um die Ähnlichkeit von Dreiecken zu überprüfen, reicht es aus zu überprüfen, ob entweder

- die entsprechenden Winkel gleich groß sind
  oder
- die entsprechenden Seitenverhältnisse gleich sind.

$\alpha = \alpha'$

$\beta =$ ______

$\gamma =$ ______

$\frac{a}{a'} = \frac{\square}{\square} = \frac{\square}{\square}$

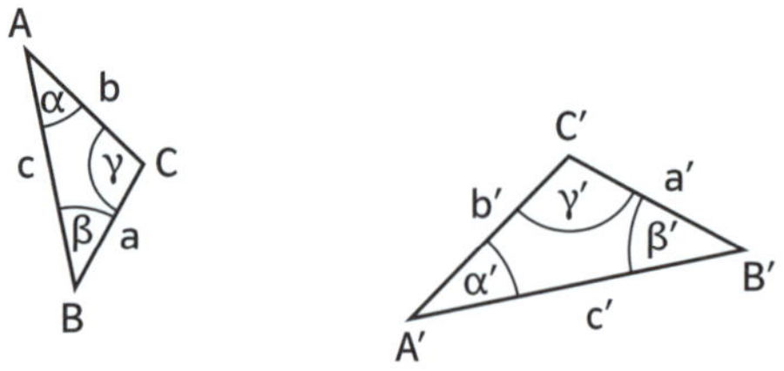

1 In einer Tüte Gummibärchen finden sich immer mehrere Farben. Piet hat eine Liste angefertigt:

Farbe	Rot	Gelb	Grün	Orange	Weiß
Piets Stichprobe	14	10	11	3	3
relative Häufigkeit					

deine Stichprobe					
relative Häufigkeit					

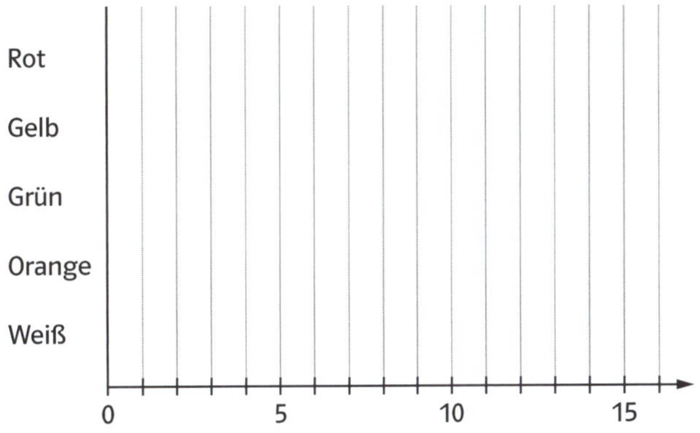

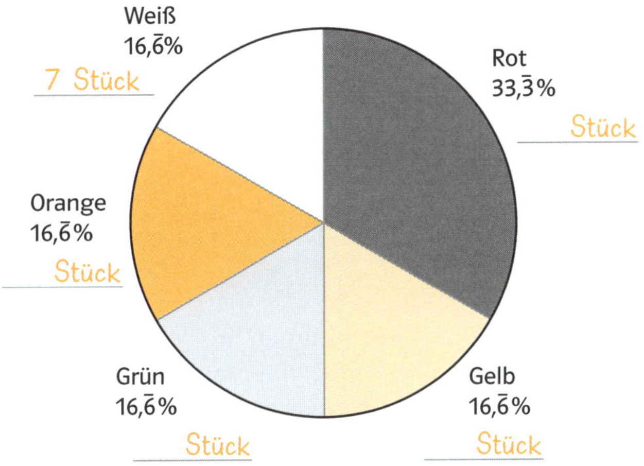

a) Piets Liste bezeichnet man als

________________skala.

b) In Piets Tüte befinden sich _____ Gummibärchen.

c) Berechne die relative Häufigkeit der einzelnen Farben in Prozent (mit einer Nachkommastelle) und trage sie in die Tabelle ein.

d) Zeichne das Balkendiagramm der absoluten Häufigkeiten.

e) Die durchschnittliche Farbaufteilung in einer Tüte Gummibärchen kannst du dem Kreisdiagramm entnehmen. Welche Anzahlen erwartest du, wenn sich in der Tüte 41 Gummibärchen befinden? Trage deine Werte am Kreisdiagramm ein.

f) Handelt es sich bei Piets Auszählung um eine repräsentative Stichprobe? Begründe.

____

____

g) Besorge dir eine Tüte Gummibärchen und prüfe, ob deine Stichprobe repräsentativ ist, indem du die Werte in die Tabelle einträgst.

2 Frau Nordreich hat sich die Zeugnisnoten in Mathematik in ihrer Klasse 7c notiert:

1; 3; 3; 1; 2; 4; 4; 3; 2; 4; 2; 2; 2; 5; 6; 3; 3; 4; 5; 3; 3; 4; 1; 3; 3; 3; 3; 4; 4; 5

a) Ordne die Zahlen der Liste:

____

b) In der Liste tauchen die Zahlen ________________ auf. Die genannten Zahlen bilden die __________skala der Stichprobe. Trage die Notenanzahlen in die untere Tabelle ein.

c) Kann man die Verteilung der Noten auf die gesamte Jahrgangsstufe übertragen? ________________

d) Frau Nordreich sagt: „Die Noten meiner Klasse sind repräsentativ für die gesamte Jahrgangsstufe." In der Jahrgangsstufe befinden sich 120 Schülerinnen und Schüler. Berechne die Notenverteilung für die gesamte Jahrgangsstufe, wenn Frau Nordreichs Bemerkung der Wahrheit entsprechen soll.

Note	1	2	3	4	5	6
Klasse 9c						
gesamte Schule						

1 Pia hat im letzten Jahr die Anzahl ihrer SMS pro Monat notiert.

Jan.	Febr.	März	April	Mai	Juni	Juli	August	Sept.	Oktober	Nov.	Dez.
43	24	125	112	48	251	175	128	85	65	89	35

a) Erstelle eine geordnete Liste mit der Anzahl der SMS und dem Monat.

Febr.											
24											

b) In der geordneten Liste kann man das Minimum (________) und das Maximum (________) ablesen und damit auch die Spannweite (________) berechnen.

c) Da die Liste eine gerade Anzahl von Daten enthält, muss man den Zentralwert als Mittelwert der beiden Zahlen _______ und _______ berechnen. Er lautet _________.

d) Das gerundete arithmetische Mittel der Liste ist ________. _______ Zahlen liegen oberhalb, _______ Zahlen liegen unterhalb dieses Mittelwerts.

2 Jens, Ayse und Leon nehmen im Internet an einem Spielwettbewerb teil. In einer Vorrunde hat jeder acht Runden gespielt. Nur die drei besten Ergebnisse der Runden wurden gewertet.

a) Streiche in der Tabelle für jeden der drei die fünf schlechtesten Ergebnisse.

b) Berechne den Durchschnitt der verbliebenen Punkte für jeden der drei und trage ihn in die Tabelle ein.

c) Um eine Runde weiterzukommen, müssen sie mindestens den Durchschnitt von 111 Punkten erreichen.

Wer kommt weiter? ______________________

d) Letztes Jahr galten andere Regeln. Hier musste der Zentralwert der besten drei Runden mindestens 120 Punkte betragen. Umkreise jeweils den Zentralwert. Wer käme nach diesen Spielregeln weiter?

____

	Runde 1	Runde 2	Runde 3	Runde 4	Runde 5	Runde 6	Runde 7	Runde 8	Durchschnitt
Jens	88	121	144	65	125	64	55	89	
Ayse	118	110	86	90	89	120	88	185	
Leon	100	84	160	85	82	110	74	105	

3 In zwei Parallelklassen wurde die gleiche Arbeit geschrieben. Vergleiche die Ergebnisse mithilfe des

a) Medians. 9 a: ________ 9 b: ________

b) arithmetischen Mittels. 9 a: ________ 9 b: ________

Note	1	2	3	4	5	6
6 a	3	2	6	14	5	0
6 b	0	4	10	13	3	0

Lambacher Schweizer 9

Mathematik für Gymnasien

Ausgabe A

Lösungen zum Arbeitsheft

Basiswissen | Terme und Gleichungen, Seite 3

1

a)

Term	$x^2 - 2yx + y^2$	$x^2 + 2yx + y^2$	$(2x - 3y)(2x + 3y)$
Wert des Terms	9	121	-377

b) $(2x)^2 - (3y)^2 = 8^2 - 21^2 = -377$

2

a) $9a^2 - 24ab + 16b^2$

b) $4x^2 + 16xy + 16y^2$

c) $u^2 - 4uv^2 + 4v^4$

d) $4x^2 - 9y^2$

e) $4a^2 + 10ab + 6{,}25b^2$

3

a) $16x^2 + 24xy + 9y^2 = (4x + 3y)^2$

b) $u^2 - 6u + 9 = (u - 3)^2$

c) $25x^2 + 70x + 49 = (5x + 7)^2$

d) $169x^2 - 256 = (13x - 16)(13x + 16)$

e) $144x^2 - 264x + 121 = (12x - 11)^2$

4

a) $3(2x - 5) = 12(2x - 3) - 15$

$6x - 15 = 24x - 36 - 15 \quad | -6x$

$-15 = 18x - 51 \quad | +51$

$36 = 18x \quad | :18$

$x = 2$

b) $(x - 3)(x - 2) = (x + 2)^2$

$x^2 - 5x + 6 = x^2 + 4x + 4 \quad | -x^2 - 4$

$-5x + 2 = 4x \quad | +5x$

$2 = 9x \quad | :9$

$x = \frac{2}{9}$

c) $x^2 + 4x - 3x^2 = 5x^2 + 3x - 4x^2$

$-2x^2 + 4x = x^2 + 3x \quad | -x^2 - 3x$

$-3x^2 + x = 0$

$x(-3x + 1) = 0$

$x_1 = 0$ und $x_2 = \frac{1}{3}$

5

$g_{alt} = h_{alt} - 3\,cm \qquad g_{neu} = h_{alt} - 1\,cm$

$h_{alt} = h \qquad h_{neu} = h_{alt} - 3\,cm$

$A_{alt} = \frac{1}{2} g_{alt} \cdot h = \frac{1}{2}(h - 3\,cm) \cdot h$

$A_{neu} = \frac{1}{2}(h - 1\,cm)(h - 3\,cm) = A_{alt} - 5\,cm^2$

$\frac{1}{2}(h - 3) \cdot h = \frac{1}{2}(h - 1)(h - 3) + 5 \quad | :\frac{1}{2}$

$(h - 3) \cdot h = (h - 1)(h - 3) + 10$

$h^2 - 3h = h^2 - h - 3h + 3 + 10 \quad | -h^2 + 4h$

$h = 13\,cm; \qquad g = h - 3\,cm$

Somit waren $g_{alt} = 10\,cm$ und $h_{alt} = 13\,cm$.

6

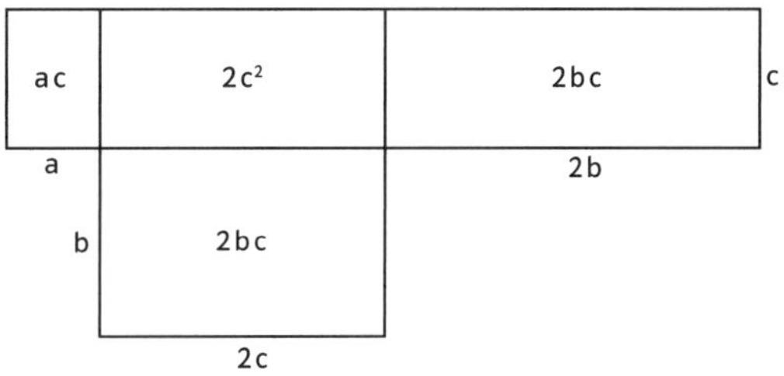

$U = 2c + 2(a + 2c + 2b) + 2b = 2c + 2a + 4c + 4b + 2b$

$= 2a + 6b + 6c$

$A = c \cdot (a + 2b + 2c) + b \cdot 2c = ac + 2bc + 2c^2 + 2bc$

$= ac + 4bc + 2c^2$

Basiswissen | Flächeninhalt und Volumen, Seite 4

1

a) $23{,}5\,ha = 2350\,a = 235\,000\,m^2$

b) $0{,}004\,m^2 = 0{,}4\,dm^2 = 40\,cm^2$

c) $12\,km^2 = 1200\,ha = 120\,000\,a$

d) $9{,}23\,dm^2 = 923\,cm^2 = 92\,300\,mm^2$

e) $14{,}2\,a = 1420\,m^2 = 142\,000\,dm^2$

2

a) $0{,}000\,002\,59\,km^3 = 2590\,m^3 = 2\,590\,000\,dm^3$

b) $1{,}2\,l = 120\,cl = 1200\,ml$

c) $1203\,l = 1203\,dm^3 = 1\,203\,000\,ml$

d) $0{,}0002\,dm^3 = 0{,}2\,cm^3 = 200\,mm^3$

e) $0{,}75\,l = 750\,cm^3 = 750\,000\,mm^3$

3

a) $V = 50\,m \cdot 20\,m \cdot 1{,}8\,m = 1800\,m^3 = 1\,800\,000\,dm^3 = 1\,800\,000\,l$

Dauer: $1\,800\,000\,l : 20\,l/s = 90\,000\,s = 1500\,min = 25\,h$

= 1 Tag 1 Stunde

b) $V = 50\,m \cdot 20\,m \cdot 0{,}7\,m = 700\,m^3 = 700\,000\,dm^3 = 700\,000\,l$

Dauer: $700\,000\,l : 20\,l/s = 35\,000\,s = 583{,}33\,min \approx 9{,}7\,h$

4

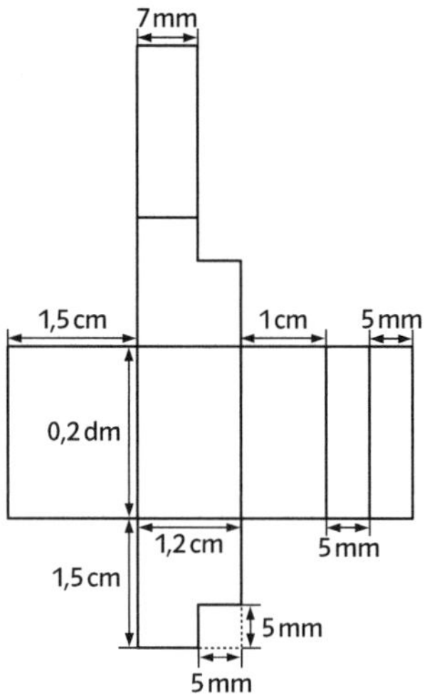

$G = 1{,}2\,cm \cdot 1\,cm + 0{,}7\,cm \cdot 0{,}5\,cm = 1{,}55\,cm^2$
$V = 1{,}55\,cm^2 \cdot 2\,cm = 3{,}1\,cm^3$
$U = 1{,}5\,cm + 1{,}2\,cm + 1\,cm + 0{,}5\,cm + 0{,}5\,cm + 0{,}7\,cm = 5{,}4\,cm$
$O = 2 \cdot 1{,}55\,cm^2 + 5{,}4\,cm \cdot 2\,cm = 13{,}9\,cm^2$

5
a) $G = \pi \cdot (3{,}5\,dm)^2 \approx 38{,}48\,dm^2 \approx \pi \cdot (35\,cm)^2 \approx 3848{,}45\,cm^2$
$M = 2 \cdot \pi \cdot 3{,}5\,dm \cdot 1{,}7\,dm \approx 37{,}38\,dm^2 \approx 2 \cdot \pi \cdot 35\,cm \cdot 17\,cm$
$\approx 3738{,}50\,cm^2$
$O = 2 \cdot 38{,}48\,dm^2 + 37{,}38\,dm^2 = 114{,}34\,dm^2$
$= 2 \cdot 3848{,}45\,cm^2 + 3738{,}5\,cm^2 = 11\,435{,}4\,cm^2$
b) Aussagen 1, 3 und 4 sind richtig.

Basiswissen | Lineare Funktionen, Seite 5

1

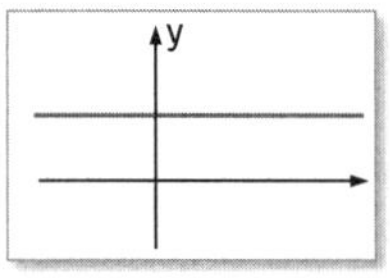

Steigung m = 0

y = b

Die Gerade verläuft parallel zur x-Achse.

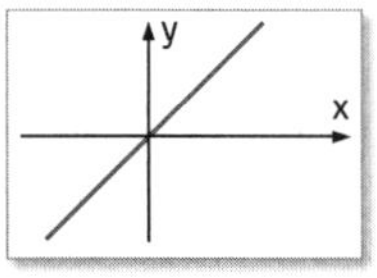

y-Achsenabschnitt b = 0

y = mx

Die Gerade verläuft durch den Ursprung.

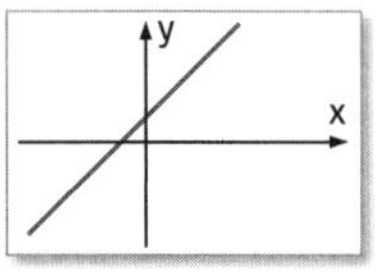

Die Gerade hat die Steigung m und schneidet die y-Achse im Punkt (0 | b).

y = mx + b

2
A: $m = 2$; $y = 2x$ B: $m = \frac{1}{2}$; $y = \frac{1}{2}x$
C: $m = -3$; $y = -3x$

3

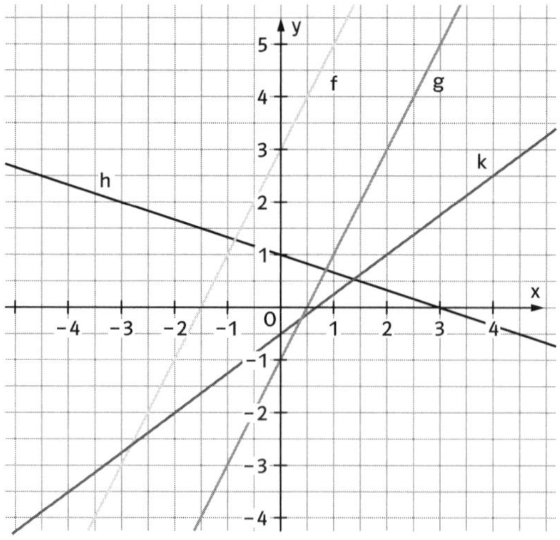

4
a) 30 cm b) 1 cm c) B
d) D e) nach 16 h f) 15 h

Basiswissen | Lineare Gleichungssysteme, Seite 6

1
I + II: $8x = 42$; $x = 5{,}25$
$y = -0{,}8125$
Probe in Gleichung II: $3 \cdot 5{,}25 - 4 \cdot (-0{,}8125) = 19$; $19 = 19$

2
I + II: $4y + 120 + 5y = 39$; $y = -9$
$x = 7$
Probe in Gleichung II: $12 \cdot 7 = 4 \cdot (-9) + 120$; $84 = 84$

3
I + II: $4x - 6 = 2x - 10$; $x = -2$
$y = -7$
Probe in Gleichung II: $2 \cdot (-7) = 2 \cdot (-2) - 10$; $-14 = -14$

4
Beispiele für Lösungen:
a) I: $y = 3x - 2$ b) II: $y = -4x + 3$ c) II: $1{,}5y = 2x + 3$

5
a) EV; II: $y = 4x - 5$ b) GV; II: $y = -4x + 3$
c) EV; II: $y = 3x - 1{,}5$ d) EV; II: $x = -y + 1{,}5$

6
Zu A gehört I + II: $19y = 152$ und die Lösung (−6 | 8).
Zu B gehört I + II: $65x = 325$ und die Lösung (5 | 8).
Zu C gehört I + II: $x = 1$ und die Lösung (1 | 7).
Zu D gehört I + II: $-18y = 36$ und die Lösung (7 | −2)

Basiswissen | Wahrscheinlichkeitsrechnung, Seite 7

1
Wahre Aussagen stehen auf den Kärtchen 4 und 5.

2

WZ; ZW; WW; ZZ

$0{,}5 \cdot 0{,}5 = 0{,}25$

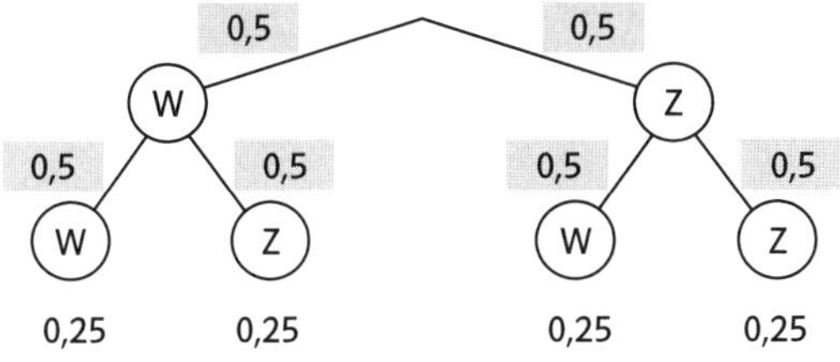

3

a)

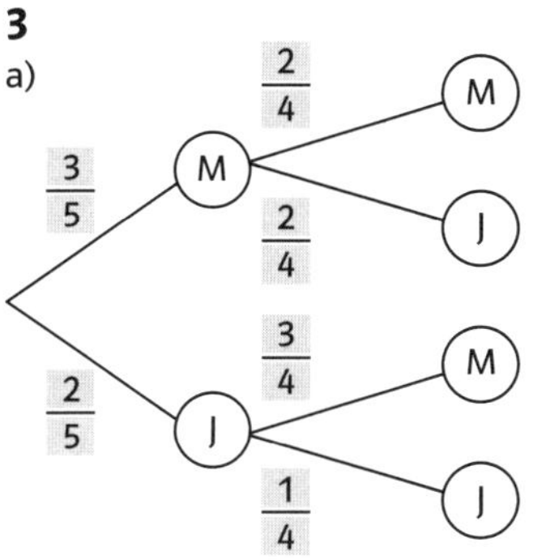

$\frac{3}{5} \cdot \frac{2}{4} = \frac{3}{10}$

$\frac{3}{5} \cdot \frac{2}{4} = \frac{3}{10}$

$\frac{2}{5} \cdot \frac{3}{4} = \frac{3}{10}$

$\frac{2}{5} \cdot \frac{1}{4} = \frac{1}{10}$

b) $\frac{3}{10}$ c) $\frac{3}{10}$ d) $\frac{3}{10} + \frac{3}{10} = \frac{6}{10} = \frac{3}{5}$

4

Von oben nach unten muss eingesetzt werden:

$\frac{1}{4}$; $\frac{3}{4} \cdot \frac{1}{3} = \frac{1}{4}$; $\frac{3}{4} \cdot \frac{2}{3} \cdot \frac{1}{2} = \frac{1}{4}$; $\frac{3}{4} \cdot \frac{2}{3} \cdot \frac{1}{2} \cdot \frac{1}{1} = \frac{1}{4}$;

keine

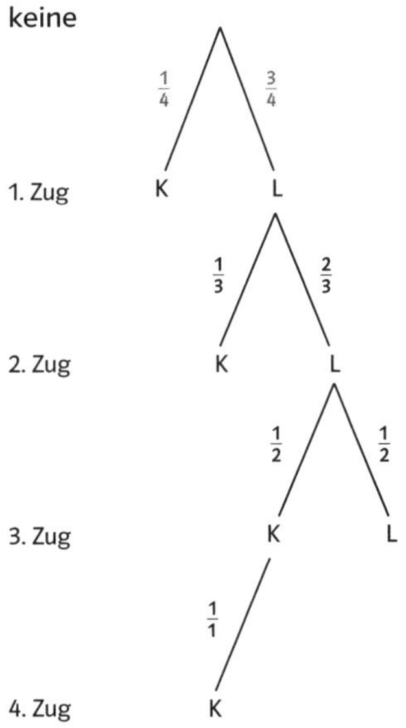

Basiswissen | Kongruenz, Seite 8

1

Den Kongruenzsatz „www" gibt es nicht.

2

Wegen des Kongruenzsatzes sws sind die vier Dreiecke zueinander kongruent und daher die vier Seiten des inneren Vierecks gleich lang.

3

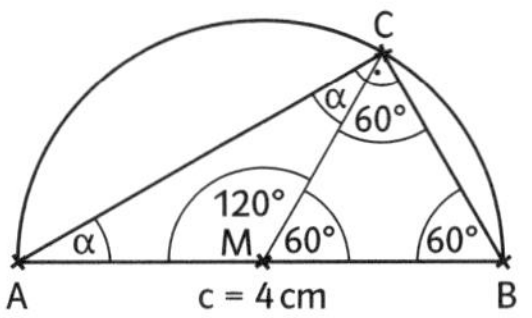

Das Dreieck MBC ist gleichseitig, also ist a = 2 cm.

4

a) sws b) Ssw c) sss d) wsw

5

a) a + b ist kleiner als c.

b) Die Summe der Winkel ist von 180° verschieden.

c) Dem Winkel α liegt die kürzere Seite gegenüber und der Kreis um C mit Radius a schneidet nicht den freien Schenkel von α.

6

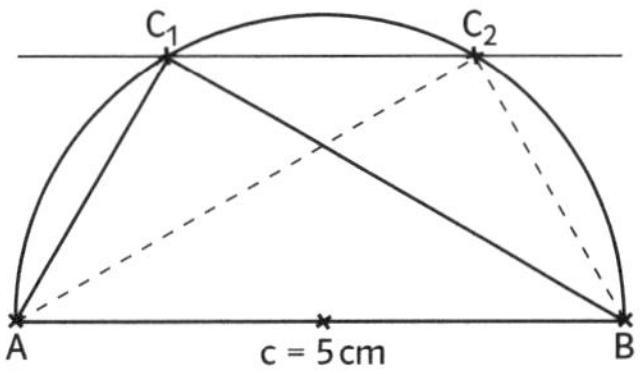

1) Zeichne $c = \overline{AB} = 5\,cm$

2) Thaleskreis über $\overline{AB}$

3) Parallele zu c im Abstand von 2 cm

7

a) b = 4 cm

1) Zeichne $a = \overline{AB}$

2) Senkrechte zu $\overline{AB}$ durch B

3) Kreis um A mit Radius d

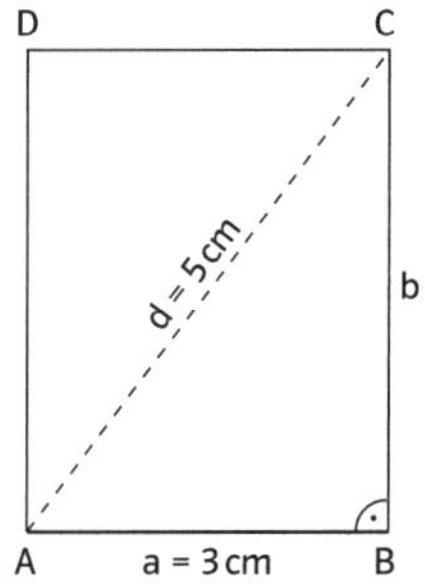

b) Schenkellänge etwa 2,8 cm

1) Zeichne $c = \overline{AB}$

2) Mittelsenkrechte zu $\overline{AB}$

3) Thaleskreis über $\overline{AB}$

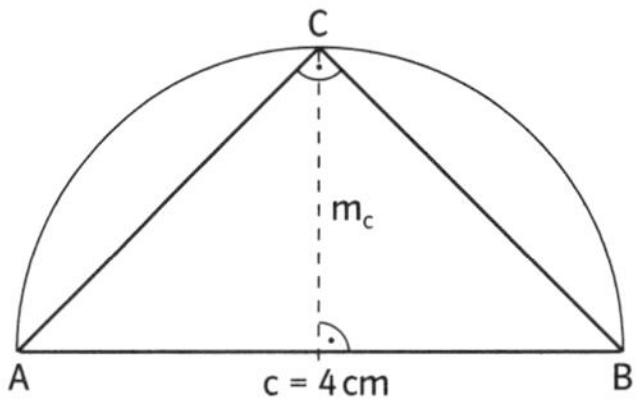

Irrationale Zahlen, Seite 9

1

Es gibt verschiedene Möglichkeiten, z. B.:

	0,123…	0,121 22…
rational	0,123 333… 0,123 123 123…	0,121 222 2… 0,121 221 212 2…
irrational	0,123 112 233… 0,123 456…	0,121 221 222 122 22…

	0,3232…	0,0…
rational	0,323 232…	0,000 0… 0,010 100 1…
irrational	0,323 223 222… 0,323 233 34…	0,010 010 001…

2
Beispiele: 5,010 010 001... ; 5,121 221 222... ; 5,323 223 222...

3
a) $\frac{1}{3}$ = 0,333 333 333... oder
$\frac{1}{3}$ = 0,212 211 222 111... + 0,121 122 111 222...
= 0,010 011 000 111... + 0,323 322 333 222...

b) ..., also kann das Produkt zweier irrationaler Zahlen sehr wohl rational sein.

4

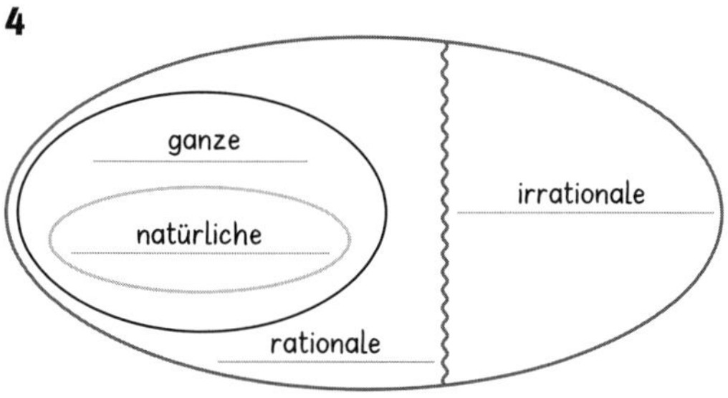

natürliche Zahlen: 2; 4; 7
rationale Zahlen: 0,01; $0,\overline{3}$; $\frac{1}{2}$ und die ganzen Zahlen
ganze Zahlen: −1 und die natürlichen Zahlen
irrationale Zahlen: 0,101 001... ; 2,122 122 21...

5
..., erhält man $29,\overline{9}$. Somit ist dann ... = $29,\overline{9} - 2,\overline{9} = 27$.
Beidseitiges Teilen ... ergibt dann: $2,\overline{9} = 3$.

Quadratwurzeln, Seite 10

1
a) richtig b) 11 c) 14 d) richtig e) 21

2
a) 3; 0,3; 0,03; 30; 300
b) 2; 0,2; 20; 0,02; 200
c) $\frac{3}{10}$; $\frac{4}{5}$; $\frac{11}{9}$; 4
d) $\frac{13}{7}$; $\frac{2}{3}$; $\frac{1}{17}$; $\frac{1}{6}$

3
a) 12 b) 2,1 c) i
d) 16 e) i f) 60
g) 1,7 h) 0,2 i) $\frac{1}{5}$
j) $\frac{13}{14}$ k) $\frac{1}{2}$ l) i

4
b) 1,9; −1,9 c) 0,25; −0,25 d) keine Lösung e) $\sqrt{2}$; $-\sqrt{2}$

5
b) 7; 8 c) 10; 11 d) 1; 2 e) 22; 23 f) 31; 32

6
a) $x^2 = 49$; $x_1 = 7$; $x_2 = -7$
b) $x^2 = 36$; $x_1 = 6$; $x_2 = -6$
c) $3x^2 = 27$; $x^2 = 9$; $x_1 = 3$; $x_2 = -3$

7
a) A = 2 cm · 4,5 cm = 9 cm²; das Quadrat hat 3 cm lange Seiten.
b) A = $\frac{1}{2}$ · 2 cm · 4 cm = 4 cm² das Quadrat hat 2 cm lange Seiten.

Rechnen mit Quadratwurzeln (1), Seite 11

1
a) $\sqrt{8} = \sqrt{4 \cdot 2} = \sqrt{4} \cdot \sqrt{2} = 2 \cdot \sqrt{2}$
b) $\sqrt{45} = \sqrt{9 \cdot 5} = \sqrt{9} \cdot \sqrt{5} = 3 \cdot \sqrt{5}$
c) $\sqrt{48} = \sqrt{16 \cdot 3} = \sqrt{16} \cdot \sqrt{3} = 4 \cdot \sqrt{3}$
d) $\sqrt{150} = \sqrt{25 \cdot 6} = \sqrt{25} \cdot \sqrt{6} = 5 \cdot \sqrt{6}$
e) $\sqrt{108} = \sqrt{36 \cdot 3} = \sqrt{36} \cdot \sqrt{3} = 6 \cdot \sqrt{3}$
f) $\sqrt{144} = 12$

2
a) = 4 b) ≈ 4,24 c) ≈ 2,83 d) = 5
e) = 0 f) ≈ 4,73 g) = 6 h) ≈ 1,41

3
a) $2 \cdot \sqrt{3} + 7 \cdot \sqrt{3} = (2 + 7) \cdot \sqrt{3} = 9 \cdot \sqrt{3}$
b) $5 \cdot \sqrt{2} + \sqrt{2} \cdot 3 = (5 + 3) \cdot \sqrt{2} = 8 \cdot \sqrt{2}$
c) $\sqrt{6} + 3 \cdot \sqrt{6} = (1 + 3) \cdot \sqrt{6} = 4 \cdot \sqrt{6}$
d) $8 \cdot \sqrt{5} - 2 \cdot \sqrt{5} - 5 \cdot \sqrt{5} = (8 - 2 - 5) \cdot \sqrt{5} = \sqrt{5}$
e) $3 \cdot \sqrt{2} + 2 \cdot \sqrt{3} + 5 \cdot \sqrt{3} - \sqrt{2} = (3 - 1) \cdot \sqrt{2} + (2 + 5) \cdot \sqrt{3}$
$= 2 \cdot \sqrt{2} + 7 \cdot \sqrt{3}$
f) $3 \cdot \sqrt{8} - 5 \cdot \sqrt{2} = 3 \cdot 2 \cdot \sqrt{2} - 5 \cdot \sqrt{2} = \sqrt{2}$
g) $\sqrt{18} + \sqrt{8} - \sqrt{50} = 3 \cdot \sqrt{2} + 2 \cdot \sqrt{2} - 5 \cdot \sqrt{2} = 0$
h) $\sqrt{27} + \sqrt{45} = 3 \cdot \sqrt{3} + 3 \cdot \sqrt{5} = 3 \cdot (\sqrt{3} + \sqrt{5})$

4
a) $\sqrt{5} \cdot (\sqrt{20} + \sqrt{45}) = \sqrt{100} + \sqrt{225} = 10 + 15 = 25$
b) $\sqrt{2} \cdot (\sqrt{32} - \sqrt{72}) = \sqrt{64} - \sqrt{144} = 8 - 12 = -4$
c) $\sqrt{7} \cdot (\sqrt{7} + \sqrt{28}) = \sqrt{49} + \sqrt{196} = 7 + 14 = 21$
d) $\sqrt{3} \cdot (\sqrt{12} + \sqrt{48} - \sqrt{108}) = \sqrt{36} + \sqrt{144} - \sqrt{324}$
$= 6 + 12 - 18 = 0$
e) $(\sqrt{44} - \sqrt{11}) \cdot \sqrt{11} = \sqrt{484} - \sqrt{121} = 22 - 11 = 11$
f) $\sqrt{10} \cdot (\sqrt{5} - \sqrt{2}) = \sqrt{50} - \sqrt{20} = 5 \cdot \sqrt{2} - 2 \cdot \sqrt{5}$
g) $(\sqrt{10} + \sqrt{15}) \cdot \sqrt{6} = \sqrt{60} + \sqrt{90} = 2 \cdot \sqrt{15} + 3 \cdot \sqrt{10}$
h) $\sqrt{12} \cdot (\sqrt{6} + \sqrt{20}) = \sqrt{72} + \sqrt{240} = 6 \cdot \sqrt{2} + 4 \cdot \sqrt{15}$

5
a) $\frac{5}{\sqrt{3}} = \frac{5 \cdot \sqrt{3}}{\sqrt{3} \cdot \sqrt{3}} = \frac{5 \cdot \sqrt{3}}{3} = \frac{5}{3} \cdot \sqrt{3}$
b) $\frac{3}{\sqrt{7}} = \frac{3 \cdot \sqrt{7}}{\sqrt{7} \cdot \sqrt{7}} = \frac{3 \cdot \sqrt{7}}{7} = \frac{3}{7} \cdot \sqrt{7}$
c) $\frac{5}{\sqrt{5}} = \frac{5 \cdot \sqrt{5}}{\sqrt{5} \cdot \sqrt{5}} = \frac{5 \cdot \sqrt{5}}{5} = \sqrt{5}$
d) $\frac{3}{\sqrt{3}} = \frac{3 \cdot \sqrt{3}}{\sqrt{3} \cdot \sqrt{3}} = \frac{3 \cdot \sqrt{3}}{3} = \sqrt{3}$
e) $\frac{7}{\sqrt{5}} = \frac{7 \cdot \sqrt{5}}{\sqrt{5} \cdot \sqrt{5}} = \frac{7 \cdot \sqrt{5}}{5} = \frac{7}{5} \cdot \sqrt{5}$
f) $\frac{5}{\sqrt{7}} = \frac{5 \cdot \sqrt{7}}{\sqrt{7} \cdot \sqrt{7}} = \frac{5 \cdot \sqrt{7}}{7} = \frac{5}{7} \cdot \sqrt{7}$
g) $\left(\frac{10}{\sqrt{5}} =\right) = \frac{10 \cdot \sqrt{5}}{\sqrt{5} \cdot \sqrt{5}} = \frac{10 \cdot \sqrt{5}}{5} = 2 \cdot \sqrt{5}$
h) $\left(\frac{5}{\sqrt{10}} =\right) \frac{5 \cdot \sqrt{10}}{\sqrt{10} \cdot \sqrt{10}} = \frac{5 \cdot \sqrt{10}}{10} = \frac{1}{2} \cdot \sqrt{10}$

6
a) $9 \cdot \sqrt{7} - \sqrt{16} \cdot \sqrt{7} = (9 - 4) \cdot \sqrt{7} = 5 \cdot \sqrt{7} \approx 13{,}22$
b) $9 \cdot \sqrt{7} \cdot \sqrt{16} \cdot \sqrt{7} = 9 \cdot 4 \cdot 7 = 252$
c) $9 \cdot \sqrt{7} + \sqrt{16} \cdot \sqrt{7} = (9 + 4) \cdot \sqrt{7} = 13 \cdot \sqrt{7} \approx 34{,}4$
d) $\frac{9 \cdot \sqrt{7}}{\sqrt{16} \cdot \sqrt{7}} = \frac{9}{4} = 2{,}25$

Rechnen mit Quadratwurzeln (2), Seite 12

1

a) $\sqrt{\frac{4}{10}} + \sqrt{\frac{9}{10}} = \frac{2}{\sqrt{10}} + \frac{3}{\sqrt{10}} = \frac{5}{\sqrt{10}} = \frac{5 \cdot \sqrt{10}}{\sqrt{10} \cdot \sqrt{10}} = \frac{5 \cdot \sqrt{10}}{10} = \frac{1}{2} \cdot \sqrt{10}$

b) $\sqrt{\frac{25}{5}} + \sqrt{\frac{16}{5}} = \frac{5}{\sqrt{5}} + \frac{4}{\sqrt{5}} = \frac{9}{\sqrt{5}} = \frac{9 \cdot \sqrt{5}}{\sqrt{5} \cdot \sqrt{5}} = \frac{9 \cdot \sqrt{5}}{5} = \frac{9}{5} \cdot \sqrt{5}$

c) $\sqrt{3} + \sqrt{\frac{16}{3}} = \sqrt{3} + \frac{4}{\sqrt{3}} = \sqrt{3} + \frac{4 \cdot \sqrt{3}}{\sqrt{3} \cdot \sqrt{3}} = \sqrt{3} + \frac{4 \cdot \sqrt{3}}{3} = \frac{7}{3} \cdot \sqrt{3}$

d) $\sqrt{0{,}4} + \sqrt{0{,}1} = \sqrt{\frac{4}{10}} + \sqrt{\frac{1}{10}} = \frac{2}{\sqrt{10}} + \frac{1}{\sqrt{10}} = \frac{3}{\sqrt{10}} = \frac{3 \cdot \sqrt{10}}{\sqrt{10} \cdot \sqrt{10}}$

$= \frac{3 \cdot \sqrt{10}}{10} = 0{,}3 \cdot \sqrt{10}$

e) $\sqrt{1{,}6} + \sqrt{2{,}5} = \sqrt{\frac{16}{10}} + \sqrt{\frac{25}{10}} = \frac{4}{\sqrt{10}} + \frac{5}{\sqrt{10}} = \frac{9}{\sqrt{10}} = \frac{9 \cdot \sqrt{10}}{\sqrt{10} \cdot \sqrt{10}}$

$= \frac{9 \cdot \sqrt{10}}{10} = \frac{9}{10} \cdot \sqrt{10}$

f) $\sqrt{14{,}4} + \sqrt{19{,}6} = \sqrt{\frac{144}{10}} + \sqrt{\frac{196}{10}} = \frac{12}{\sqrt{10}} + \frac{14}{\sqrt{10}} = \frac{26}{\sqrt{10}} = \frac{26 \cdot \sqrt{10}}{\sqrt{10} \cdot \sqrt{10}}$

$= \frac{26 \cdot \sqrt{10}}{10} = \frac{13}{5} \cdot \sqrt{10}$

g) $\sqrt{9{,}0} + \sqrt{16{,}00} = 3 + 4 = 7$

2

Jeweils nach dem 2. Gleichheitszeichen muss korrigiert werden:
a) $= 3 \cdot \sqrt{5}\,(\sqrt{3} + 1)$
b) richtig
c) $= \sqrt{5 \cdot 100} - \sqrt{25 \cdot 10} = 10 \cdot \sqrt{5} - 5 \cdot \sqrt{10}$
d) $= 4 \cdot \sqrt{2} + 8 \cdot \sqrt{2} = 12 \cdot \sqrt{2}$

3

a) $\sqrt{3a^2} = a \cdot \sqrt{3}$ b) $\sqrt{16b} = 4 \cdot \sqrt{b}$
c) $\sqrt{5c^2d} = c \cdot \sqrt{5d}$ d) $\sqrt{9d^3} = 3d \cdot \sqrt{d}$
e) $3 \cdot \sqrt{e} + 5 \cdot \sqrt{e} = 8 \cdot \sqrt{e}$ f) $\sqrt{f} + 4\sqrt{f} = 5 \cdot \sqrt{f}$
g) $\sqrt{g} - g \cdot \sqrt{g} = (1 - g) \cdot \sqrt{g}$
h) $2 \cdot \sqrt{h} + 3 \cdot \sqrt{h^3} = 2 \cdot \sqrt{h} + 3h \cdot \sqrt{h} = (2 + 3h) \cdot \sqrt{h}$
i) $\sqrt{i^3} + \sqrt{i^5} = i \cdot \sqrt{i} + i^2 \cdot \sqrt{i} = (i + i^2) \cdot \sqrt{i}$
j) $j - \sqrt{j^2} = j - j = 0$
k) $\sqrt{k} \cdot (\sqrt{4k} + \sqrt{9k}) = \sqrt{k} \cdot (2 \cdot \sqrt{k} + 3 \cdot \sqrt{k})$
$= \sqrt{k} \cdot \sqrt{k} \cdot (2 + 3) = 5k$

l) $\sqrt{l} \cdot \left(\sqrt{l} - \sqrt{\frac{1}{l}}\right) = \sqrt{l} \cdot \sqrt{l} - \sqrt{l \cdot \frac{1}{l}} = l - 1$

m) $(\sqrt{2m} + \sqrt{3m}) \cdot \sqrt{6m} = \sqrt{12m^2} + \sqrt{18m^2}$
$= 2m \cdot \sqrt{3} + 3m \cdot \sqrt{2}$

Reelle Zahlen – Rechnen mit Quadratwurzeln | Merkzettel, Seite 13

Beispiele: rationale; irrationale

Text: negativ; irrationale; Intervallschachtelung
Beispiele: 13 1,41 2,83 $-\sqrt{3}$

Beispiele: $\sqrt{16} = 4$ $\sqrt{\frac{8}{2}} = \sqrt{4} = 2$ $2 \cdot \sqrt{2}$
$(2 + 4) \cdot \sqrt{5} = 6 \cdot \sqrt{5}$ $\frac{9 \cdot \sqrt{3}}{\sqrt{3} \cdot \sqrt{3}} = \frac{9 \cdot \sqrt{3}}{3} = 3 \cdot \sqrt{3}$

Der Kathetensatz, Seite 14

1

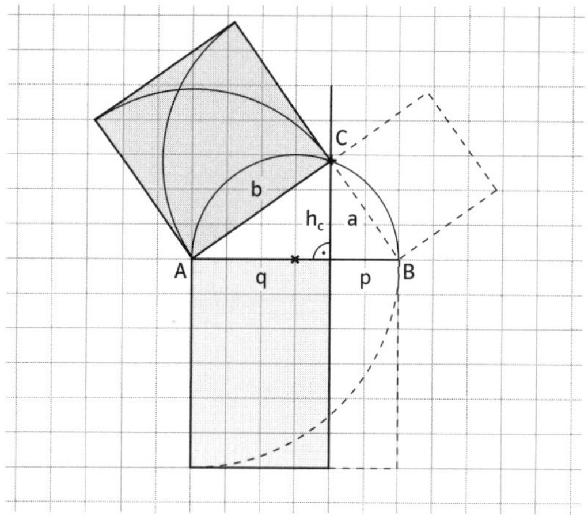

2

Eingefügt werden die Begriffe: abschnitt; Kathete.
Kurz: $q \cdot c = b^2$ und $p \cdot c = a^2$
Zeichnung siehe Aufgabe 1.

3

$b = \sqrt{6}\,\text{cm} \approx 2{,}45\,\text{cm}$
$\sqrt{8}\,\text{cm}$: $q \cdot c = 2\,\text{cm} \cdot 4\,\text{cm}$
$\sqrt{8}\,\text{cm} \approx 2{,}8\,\text{cm}$

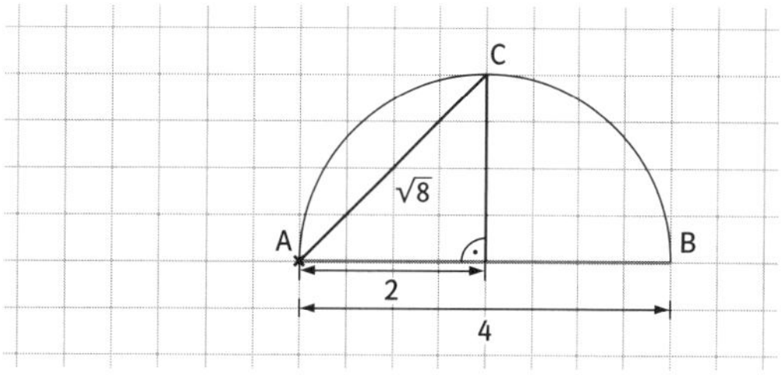

4

	a	b	c	p	q
a)	4,58 cm	5,29 cm	7 cm	3 cm	4 cm
b)	6,63 cm	8,77 cm	11 cm	4 cm	7 cm
c)	3 cm	4 cm	5 cm	1,8 cm	3,2 cm
d)	6 cm	6,71 cm	9 cm	4 cm	5 cm

Der Satz des Pythagoras (1), Seite 15

1

Farbig markiert wird
a) c b) d c) h d) a
Der rechte Winkel liegt bei
a) C b) D c) H d) A

2

a) $a^2 + b^2 = c^2$ b) $e^2 + f^2 = d^2$
c) $k^2 + g^2 = h^2$ d) $b^2 + c^2 = a^2$

3
b) $d^2 = e^2 + f^2 = (6\,cm)^2 + (8\,cm)^2 = 36\,cm^2 + 64\,cm^2 = 100\,cm^2$;
$d = 10\,cm$
c) $k^2 = h^2 - g^2 = (8\,cm)^2 - (6\,cm)^2 = 64\,cm^2 - 36\,cm^2 = 28\,cm^2$;
$k = 5{,}29\,cm$
d) $c^2 = a^2 - b^2 = (11\,cm)^2 - (10\,cm)^2 = 121\,cm^2 - 100\,cm^2 = 21\,cm^2$;
$c = 4{,}58\,cm$

4
a) Hypotenuse 11,2 cm
b) zweite Kathete 10,2 cm
c) erste Kathete 17,2 m
d) zweite Kathete 240 cm
e) Hypotenuse 101 cm
f) zweite Kathete 8 mm
g) Hypotenuse 2,2 km

5
Hypotenuse etwa 3,2 cm;
$\sqrt{10} \approx 3{,}1623$

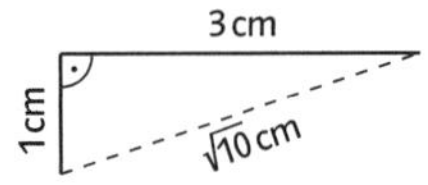

6
$18 = 3^2 + 3^2$
Näherungswert:
$\sqrt{18}\,cm \approx 4{,}2\,cm$;
$\sqrt{18} \approx 4{,}2426$

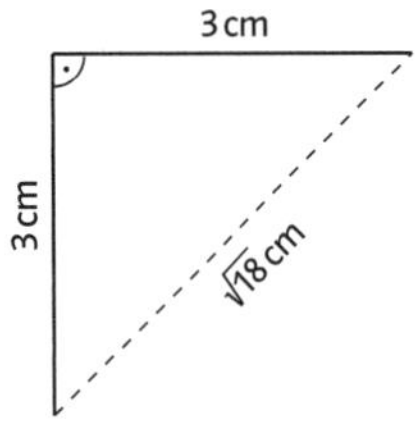

Der Satz des Pythagoras (2), Seite 16

1
a) $a = 4{,}24\,cm$; $h = 2{,}12\,cm$
b) $c = 6{,}5\,cm$; $h = 2{,}31\,cm$; $p \approx 5{,}54\,cm$; $q \approx 0{,}96\,cm$
c) $x \approx 5{,}66\,cm$

2
a) 40 %
$A_{ADB} = \frac{1}{2} \cdot 4\,cm \cdot 2{,}5\,cm = 5\,cm^2$; $A_{BEC} = \frac{1}{2} \cdot 5\,cm \cdot 2\,cm = 5\,cm^2$;
$A_{ACF} = \frac{1}{2} \cdot 2\,cm \cdot 2{,}5\,cm = 2{,}5\,cm^2$
$A_{orange} = 4\,cm \cdot 5\,cm - A_{ADB} - A_{BEC} - A_{ACF}$
$= 20\,cm^2 - 5\,cm^2 - 5\,cm^2 - 2{,}5\,cm^2 = 7{,}5\,cm^2$
Der gefärbte Anteil beträgt 37,5 %.
b) $\overline{AB}^2 = (4\,cm)^2 + (2{,}5\,cm)^2$; $\overline{AB} \approx 4{,}7\,cm$
$\overline{BC}^2 = (5\,cm)^2 + (2\,cm)^2$; $\overline{BC} \approx 5{,}4\,cm$
$\overline{CA}^2 = (2\,cm)^2 + (2{,}5\,cm)^2$; $\overline{CA} \approx 3{,}2\,cm$
$U = \overline{AB} + \overline{BC} + \overline{CA} \approx 13{,}3\,cm$

3
$(20\,cm)^2 + (d - 8\,cm)^2 = d^2$;
$400\,cm^2 + d^2 - (16\,cm) \cdot d + 64\,cm^2 = d^2$
$464\,cm^2 - (16\,cm) \cdot d = 0$; $d = 29\,cm$

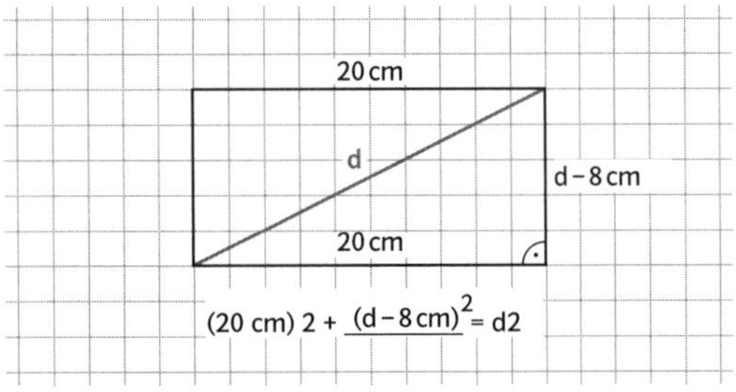

4
$(f_1)^2 = (3{,}6\,cm)^2 - (2\,cm)^2$; $f_1 \approx 2{,}99\,cm$
$f_2 = 5\,cm - f_1 \approx 2{,}01\,cm$
$b^2 = (2\,cm)^2 + f_2^2$; $b \approx 2{,}83\,cm$
$A = 2 \cdot \frac{1}{2} \cdot f_2 \cdot \frac{e}{2} + 2 \cdot \frac{1}{2} \cdot f_1 \cdot \frac{e}{2} = f_2 \cdot \frac{e}{2} + f_1 \cdot \frac{e}{2} = f \cdot \frac{e}{2} = \frac{1}{2} \cdot e \cdot f$
$= \frac{1}{2} \cdot 4\,cm \cdot 5\,cm = 10\,cm^2$

Die Umkehrung des Satzes von Pythagoras, Seite 17

1
a) zwischen a und b
b) zwischen b und c
c) zwischen a und c
d) zwischen a und b

2
Rechtwinklig sind die Dreiecke von a), c) und d). Der größte Winkel ist jeweils der rechte Winkel.

3
a) Umkehrung
b) Satz des Pythagoras
c) Satz des Pythagoras
d) Umkehrung

4
$\overline{AC}^2 = 2a^2$ $\overline{AC} = a \cdot \sqrt{2}$; $\overline{AB}^2 = 3a^2$ $\overline{AB} = a \cdot \sqrt{3}$
$\overline{BC}^2 = 5a^2$ $BC = a \cdot \sqrt{5}$
$\overline{BC}^2 - \overline{AB}^2 - \overline{AC}^2 = 5a^2 - 3a^2 - 2a^2 = 0$
Das Dreieck ABC ist also rechtwinklig.

Der Höhensatz, Seite 18

1
$h^2 + p^2 = a^2$; $h^2 = 16\,cm^2 - 4\,cm^2$
$h \approx 3{,}5\,cm$; $q = 6\,cm$; $b^2 = h^2 + q^2$; $b = 6{,}93\,cm$; $c = 8\,cm$

2
h = 30 mm

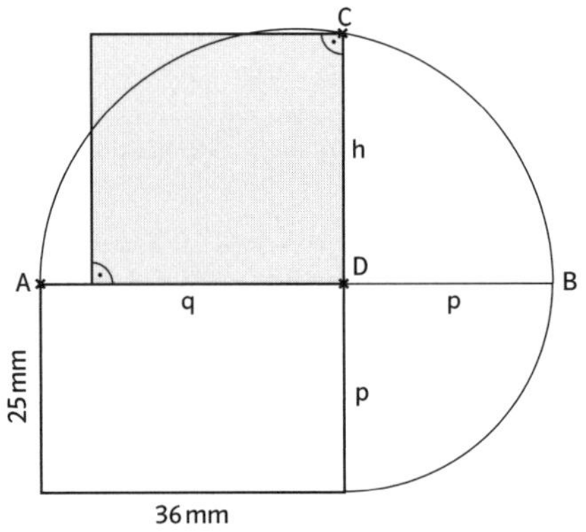

3
$A = \frac{1}{2} c \cdot h$ bzw. $A = \frac{1}{2} a \cdot b$
$h = \frac{ab}{c}$; $h^2 = \frac{a^2b^2}{c^2} = \frac{pc \cdot qc}{c^2} = pq$

4
$b^2 = r \cdot s$ (HS)
$a^2 = b^2 - q^2$ (P)
$a^2 = q \cdot p$ (HS)
$(p + q)^2 = b^2 + r^2$ (P)
$p + q = \sqrt{(r + s)^2 - c^2}$ (P)

5

Thaleskreis $\overline{AS} = r + x$ und $\overline{CS} = r - x$

$\overline{SB}^2 = (2\,cm)^2 = (r + x) \cdot (r - x) = r^2 - x^2$

Nach x auflösen: $x^2 = r^2 - (2\,cm)^2$; $x^2 = (2{,}5\,cm)^2 - (2\,cm)^2$;

$x^2 = 6{,}25\,cm^2 - 4\,cm^2$ $x^2 = 2{,}25\,cm^2$. Also $x = 1{,}5\,cm$.

Berechnungen an Figuren (1), Seite 19

1

Höhe des Bildschirms: 60 cm; Breite des Bildschirms: 80 cm

2

Sie können den Schrank überhaupt nicht aufstellen.
Diagonalen auf den Seitenflächen, die die Höhe 2,40 m enthalten:

$d_1 = \sqrt{(2{,}40\,m)^2 + (0{,}8\,m)^2} = 2{,}53\,m$

$d_2 = \sqrt{(2{,}40\,m)^2 + (1{,}8\,m)^2} = 3\,m$

Raumdiagonale:

$d_R = \sqrt{(2{,}40\,m)^2 + (1{,}8\,m)^2 + (0{,}8\,m)^2} = 3{,}10\,m$

3

Pythagoras im Dreieck FPB:

$\overline{BP}^2 = (1\,cm)^2 + (2\,cm)^2 = 5\,cm^2$; $\overline{BP} = \sqrt{5}\,cm$

Kathetensatz:

$\overline{BP}^2 = 1\,cm \cdot 2 \cdot r$; $r = \frac{\overline{BP}^2}{2\,cm} = \frac{5\,cm^2}{2\,cm} = 2{,}5\,cm$

4

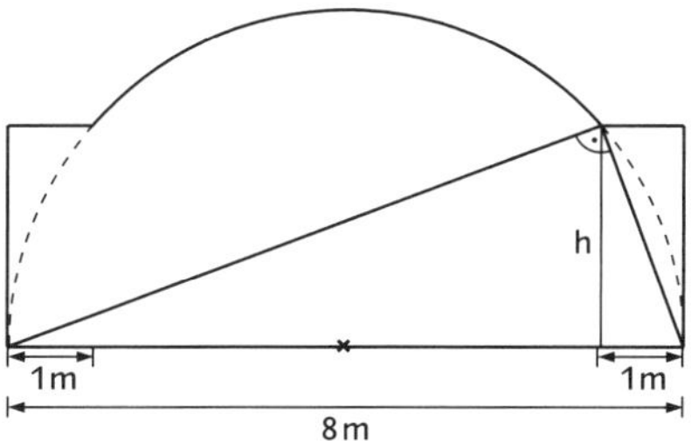

$h^2 = 1\,m \cdot 7\,m = 7\,m^2$; $h \approx 2{,}64\,m$

Maximale Höhe: etwa 2,60 m

Berechnungen an Figuren (2), Seite 20

1

a) $d = 5\,cm$; $e = 13\,cm$

b) $d^2 = a^2 + b^2$; $e^2 = c^2 + d^2$

$e^2 = c^2 + a^2 + b^2 = a^2 + b^2 + c^2$ oder $e = \sqrt{a^2 + b^2 + c^2}$

2

Raumdiagonale der Schachtel:

$d_R = \sqrt{(12{,}7\,cm)^2 + (5\,cm)^2 + (2{,}6\,cm)^2} = \sqrt{188{,}89\,cm^2} = 13{,}74\,cm$

Die Nadel passt nicht in die Schachtel.

3

$k^2 = (6\,cm)^2 + (3\,cm)^2 = 45\,cm^2$; $k \approx 6{,}1\,cm$

$k^2 + (3\,cm)^2 = s^2 = 54\,cm^2$; $s \approx 7{,}35\,cm$

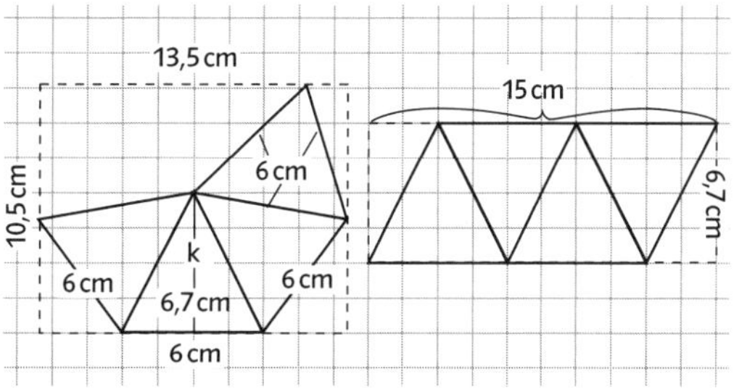

Pascals Plexiglasbedarf: $(9 \cdot 1{,}5\,cm) \cdot (7 \cdot 1{,}5\,cm) = 142\,cm^2$

Besser ist es, die Dreiecke „gegeneinander zu legen“:

Neuer Plexiglasbedarf: $(2 \cdot 6\,cm + 3\,cm) \cdot (6{,}7\,cm) \approx 100\,cm^2$

Die Satzgruppe des Pythagoras | Merkzettel, Seite 21

■ **Text:** Flächeninhalt; $a^2 = p \cdot c$; $b^2 = q \cdot c$

Beispiele: $a^2 = p \cdot c$

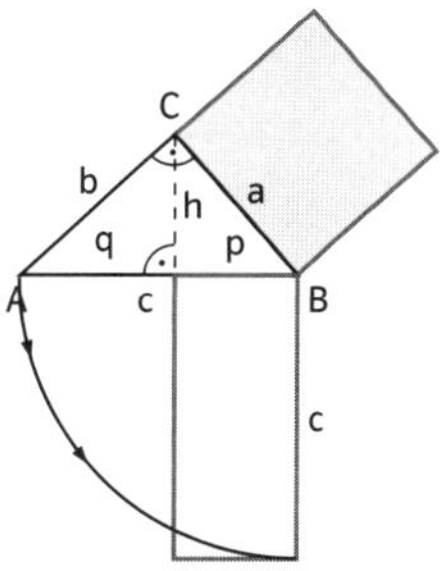

■ **Text:** Flächeninhalt; $h^2 = p \cdot q$

Beispiele:

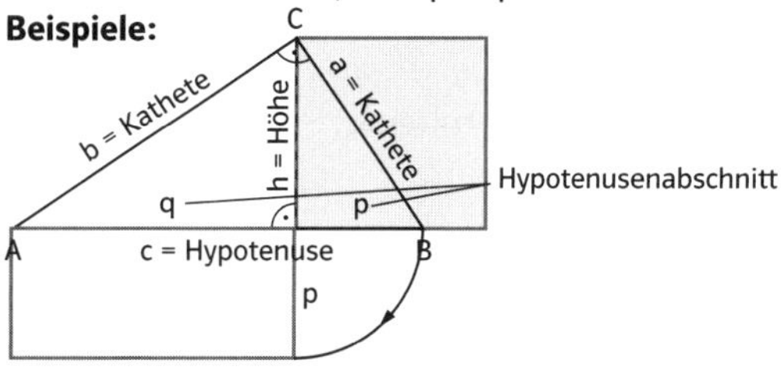

■ **Text:** Hypotenuse; $a^2 + b^2 = c^2$

Beispiele:

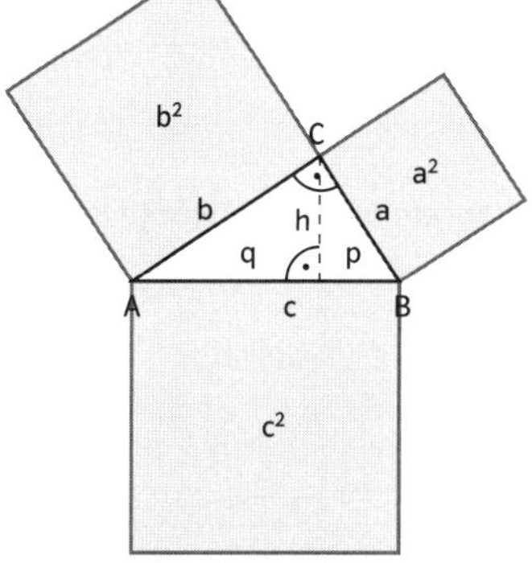

■ **Beispiele:** ② $a = 10\,m$

■ **Text:** $d = a \cdot \sqrt{2}$; $h = \frac{a}{2}\sqrt{3}$; $D = a \cdot \sqrt{3}$

Beispiele:

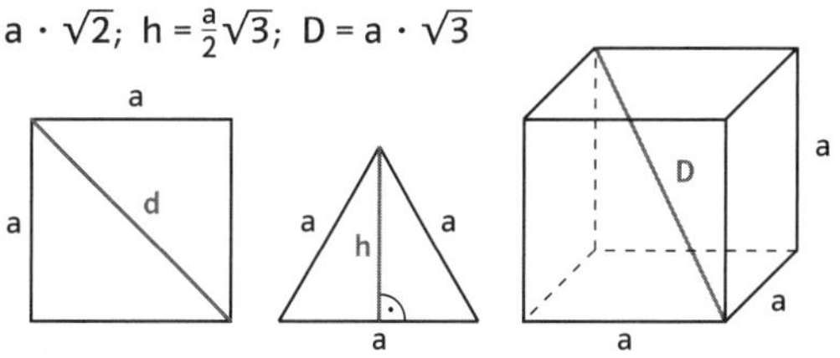

Üben und Wiederholen | Training 1, Seite 22

1

	natürliche Zahl	ganze Zahl	rationale Zahl	irrationale Zahl
1	⊗	⊗	⊗	◯
−1	◯	⊗	⊗	◯
$\frac{1}{2}$	◯	◯	⊗	◯
−1,5	◯	⊗	⊗	◯
1,010 01…	◯	◯	◯	⊗
$1,\bar{1}$	◯	◯	⊗	◯

2

a) $70\,dm = 7\,m$ b) $\sqrt{8}\,m \approx 2{,}83\,m$ c) $100\,m$ d) $3{,}5\,cm$
e) $\sqrt{10}\,dm \approx 3{,}16\,dm$ f) $1{,}9\,mm$

3

a) $2{,}\overline{23} < \sqrt{5} < 2{,}32 < 2{,}\bar{4} < \sqrt{6} < 2{,}46$

b) $2{,}46 < 2{,}5 < 2{,}64 < \sqrt{7} < 2{,}\overline{82} < \sqrt{8}$

4

a) $7 \cdot \sqrt{7}$ b) -10
c) -4 d) $\sqrt{15}$

5

$a^2 = 5 \cdot 1{,}8 = 9$, also a = 3 cm
$b^2 = c \cdot q = 5 \cdot 3{,}2 = 16$, also b = 4 cm

6

Bestimmung mithilfe des Kathetensatzes: $b^2 = q \cdot c$ möglich
$c = b^2 : q = (100\,m)^2 : 80\,m = 10\,000\,m^2 : 80\,m = 125\,m$
A und B sind 125 m voneinander entfernt.

7

$(5\,cm)^2 + (3\,cm)^2 = 34\,cm^2$; $d \approx 5{,}83\,cm$

8

$a = \sqrt{3^2 + 2^2}\,cm \approx 3{,}6\,cm$; $A = \frac{1}{2} \cdot e \cdot f = \frac{1}{2} \cdot 6\,cm \cdot 4\,cm = 12\,cm^2$

9

$a^2 = (3\,cm)^2 + \left(\frac{3\,cm}{2}\right)^2$; $a = \sqrt{11{,}25\,cm^2} \approx 3{,}35\,cm$

Vergrößern und Verkleinern von Figuren – Ähnlichkeit, Seite 23

1

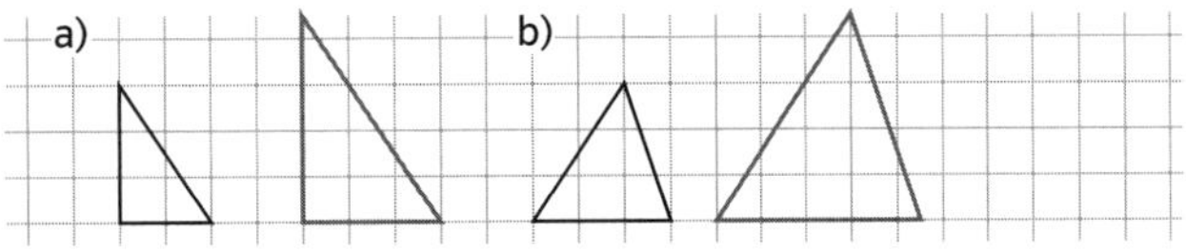

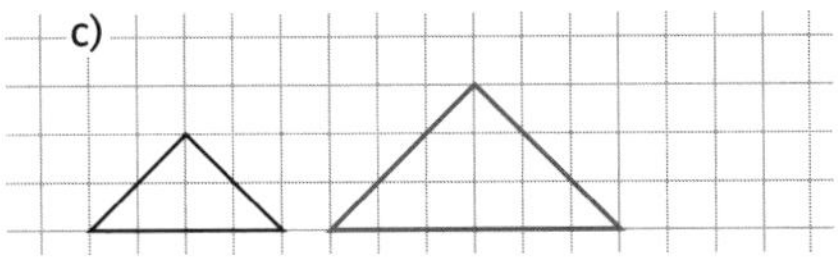

a) 90°; 56°; 34° b) 56°; 72°; 52° c) 45°; 45°; 90°

2

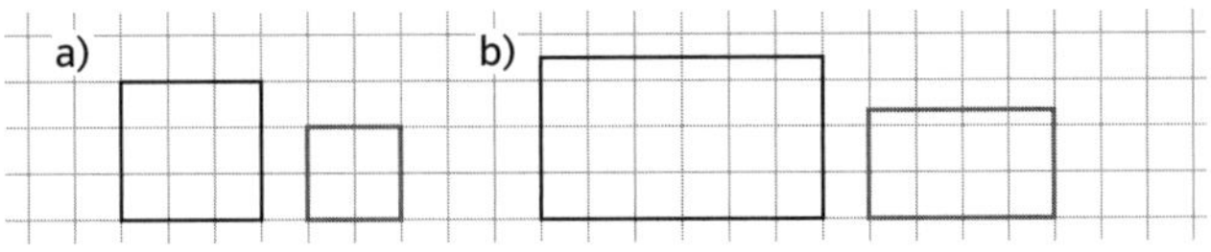

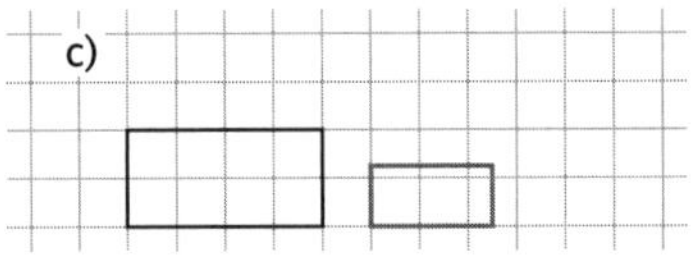

3

Der Eiffelturm ist im Bild nur 40 mm hoch.
Der Maßstab ist 40 : 321 000 oder 1 : 8025.

Der Vergrößerungsfaktor ist $\frac{1}{8025}$.

4

Maßstab 20 : 9; Plakatwand: 22,2 m × 8,9 m

5

a)

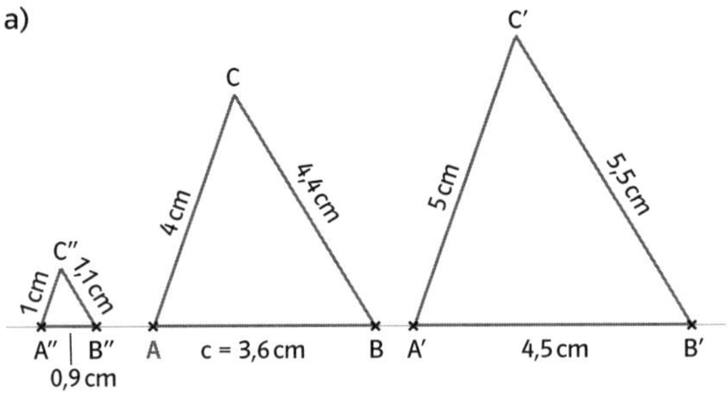

b) Vergrößerungsfaktor: $\frac{45}{36} = \frac{5}{4} = \frac{1{,}25}{1}$; a' = 5,5 cm; b' = 5 cm
c) Vergrößerungsfaktor: $\frac{11}{44} = \frac{1}{4} = \frac{0{,}25}{1}$; b'' = 1 cm; c'' = 0,9 cm

Zentrische Streckungen, Seite 24

1

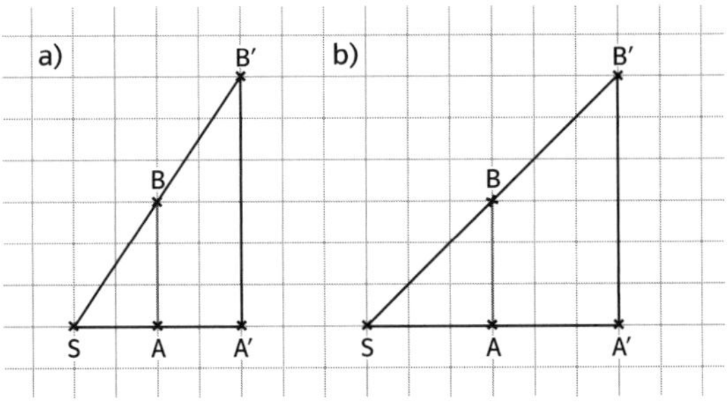

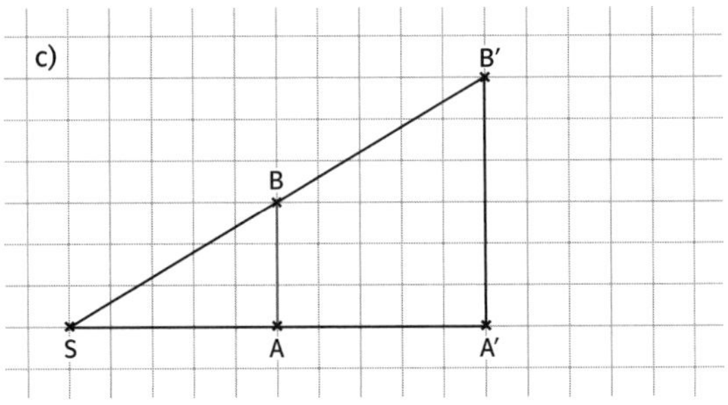

Die Bildstrecke hat stets die doppelte Länge der Ausgangsstrecke.

2

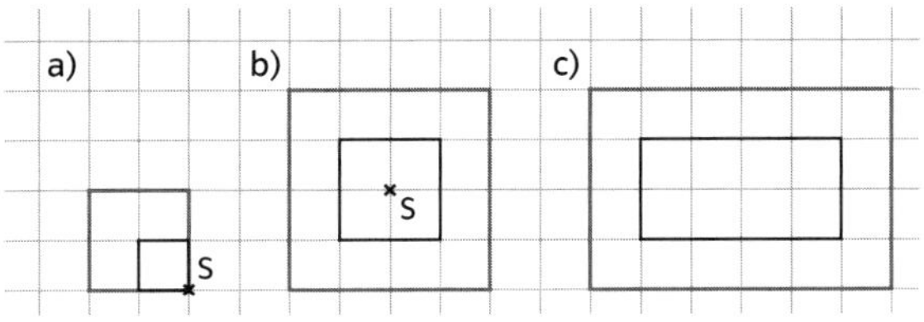

k = 2 k = 2 keine zentrische Streckung

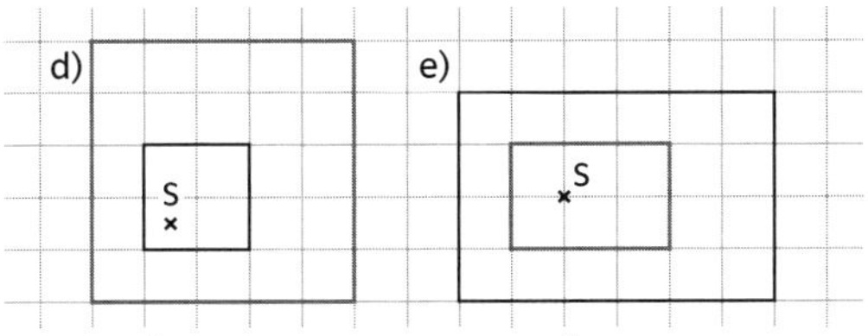

$k = \frac{5}{2} = 2{,}5$ $k = \frac{1}{2} = 0{,}5$

3

a) und b)

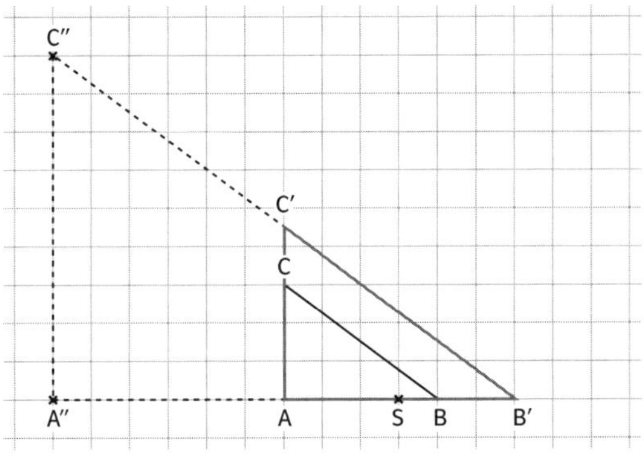

c) k = 3

4

a) und b)

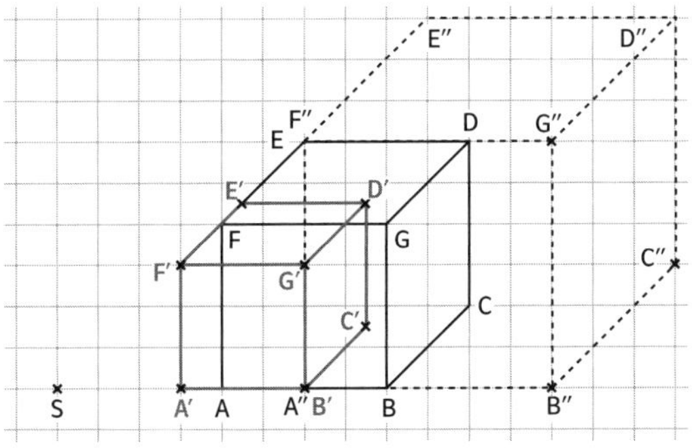

c) k = 2

Flächeninhalte, Seite 25

1

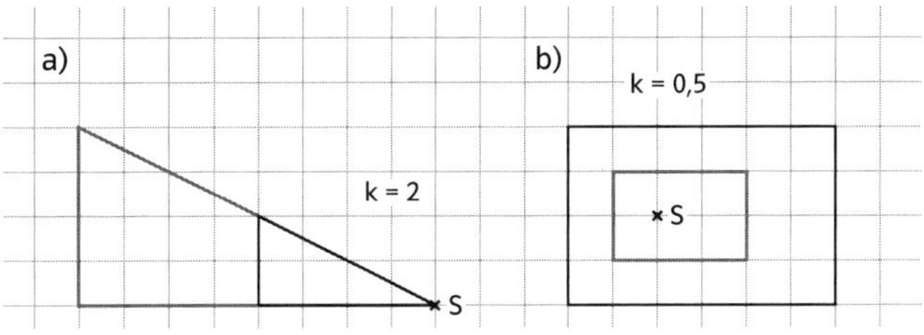

$A_A = 1\,cm^2$; $A_B = 4\,cm^2$ $A_A = 6\,cm^2$; $A_B = 1{,}5\,cm^2$

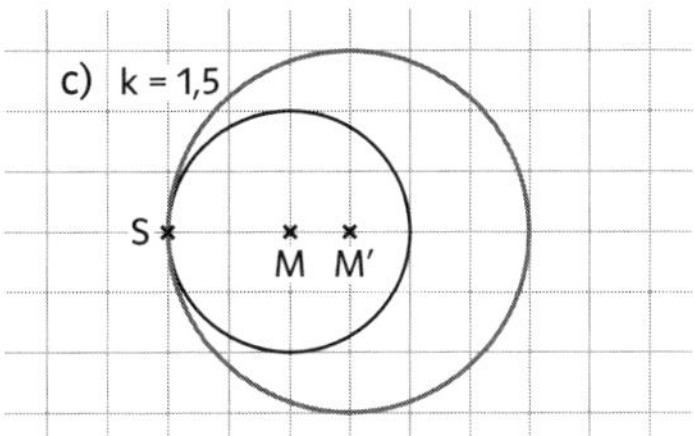

$A_A = 3{,}14\,cm^2$; $A_B = 7{,}07\,cm^2$

2

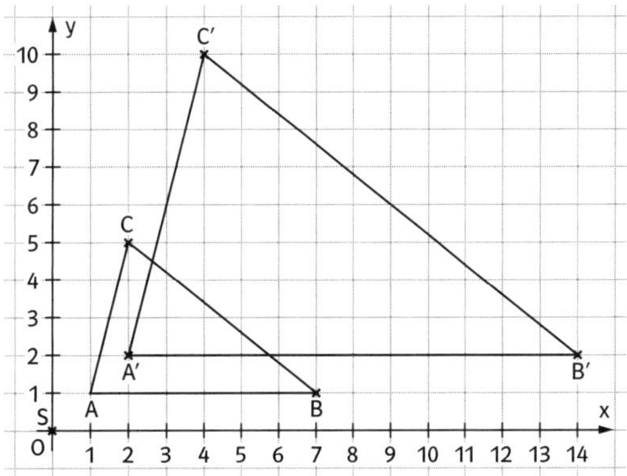

Ausgangsdreieck: $A = 3\,cm^2$; Bilddreieck: $A = 12\,cm^2$; Faktor 4

3

Für neunfachen Flächeninhalt müsste man den Streckfaktor 3 wählen.

k	Fläche	Umfang
1	$9\,cm^2$	12 cm
2	$36\,cm^2$	24 cm
0,5	$2{,}25\,cm^2$	6 cm
1,5	$20{,}25\,cm^2$	18 cm

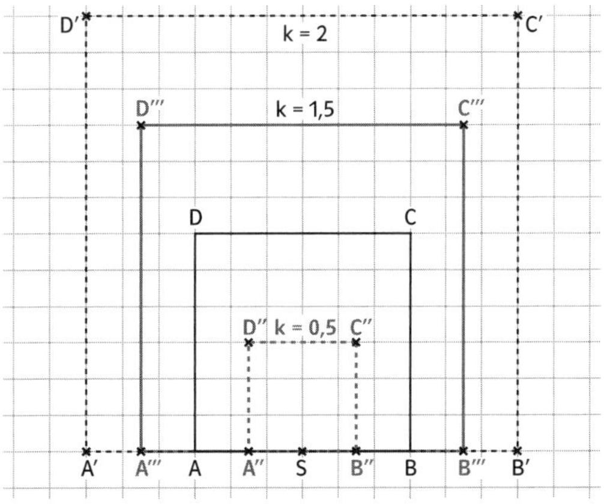

4

Länge der Diagonalen	Flächeninhalt	Streckfaktor
3 cm; 5 cm	7,5 cm^2	1
4 cm; 2,4 cm	4,8 cm^2	$\frac{4}{5} = 0{,}8$
4 cm; $6\frac{2}{3}$ cm	$13\frac{1}{3}$ cm^2	$\frac{4}{3} = 1{,}\overline{3}$

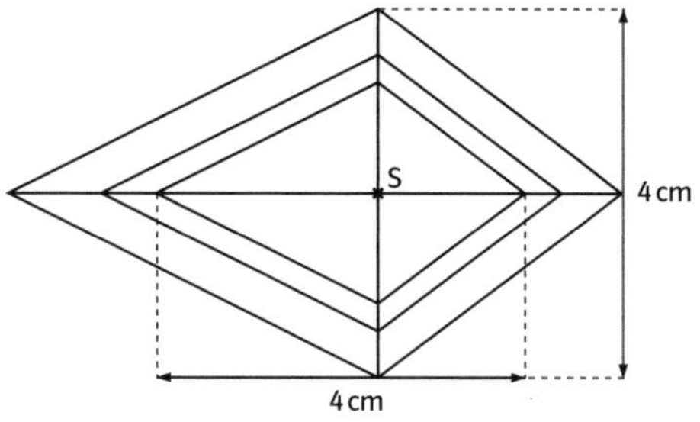

Strahlensätze (1), Seite 26

1

a) $\frac{\overline{SA}}{\overline{SP}} = \frac{\overline{SB}}{\overline{SQ}} = \frac{\overline{AB}}{\overline{PQ}}$; $\frac{\overline{BQ}}{\overline{SB}} = \frac{\overline{AP}}{\overline{SA}}$ b) $\frac{x}{y} = \frac{r}{s}$; $\frac{x}{x+y} = \frac{r}{r+s} = \frac{p}{q}$

2

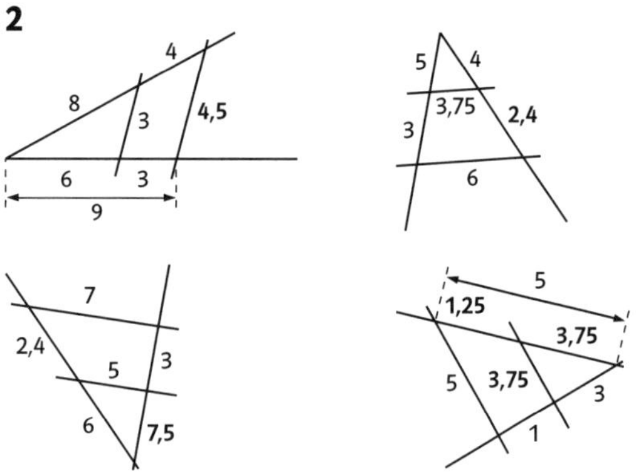

3

a) $\frac{x}{4\,cm} = \frac{3\,cm}{5\,cm}$; x = 2,4 cm; $\frac{y}{2\,cm} = \frac{5\,cm}{3\,cm}$; y = 3,33 cm

b) $\frac{x}{3\,cm} = \frac{12\,cm}{x}$; x = 6 cm; $\frac{y}{12\,cm} = \frac{6\,cm}{6\,cm}$; y = 12 cm

4

a) $\overline{SQ}$ 13,$\overline{3}$ cm; $\overline{PQ}$ 5 cm; $\left(k = \frac{5}{3}\right)$

b) $\overline{SP}$ 6 mm; $\overline{SB}$ 4 mm; (k = 2)

c) $\overline{SA}$ 2 dm; $\overline{SQ}$ 22,5 cm; (k = 1,5)

d) $\overline{SP}$ 14 dm; $\overline{AB}$ 60 cm; (k = 1,4)

Strahlensätze (2), Seite 27

1

$\frac{b+c}{b} = \frac{e+f}{e} = \frac{i}{h}$ $\frac{h}{i} = \frac{b}{b+c} = \frac{e}{e+f}$

$\frac{i}{b+c} = \frac{h}{b} = \frac{g}{d}$ $\frac{b}{e} = \frac{a}{d} = \frac{c}{f} = \frac{b+c}{e+f}$

2

$\frac{x}{1{,}4\,cm} = \frac{6\,cm}{2\,cm}$; x = 4,2 cm

$\frac{y}{6\,cm} = \frac{6{,}7\,cm - y}{2\,cm}$; $2\,cm \cdot y = 40{,}2\,cm^2 - 6\,cm \cdot y$;

$8\,cm \cdot y = 40{,}2\,cm^2$

$y \approx 5{,}0\,cm$

$\frac{z}{8{,}2\,cm} = \frac{2\,cm}{6\,cm}$; $z \approx 2{,}7\,cm$

3

$\frac{x}{9\,m} = \frac{2\,m}{6\,m}$; x = 3 m

Fatih: $\frac{y_1}{15\,m} = \frac{9\,m - x}{9\,m} = \frac{6\,m}{9\,m}$; $y_1 = 10\,m$

$\frac{y_2}{6\,m} = \frac{9\,m - x}{9\,m} = \frac{6\,m}{9\,m}$; $y_2 = 4\,m$

Also: $y = y_1 + y_2 = 10\,m + 4\,m = 14\,m$

Lazaros: $\frac{y}{21\,m} = \frac{9\,m - x}{9\,m} = \frac{6\,m}{9\,m}$; y = 14 m

Überlegung zu Lazaros' Idee:

Aus $\frac{y_1}{15\,m} = \frac{2}{3}$ und $\frac{y_2}{6\,m} = \frac{2}{3}$ folgt $y_1 = \frac{2}{3} \cdot 15\,m$ und $y_2 = \frac{2}{3} \cdot 6\,m$

$y_1 + y_2 = \frac{2}{3} \cdot 15\,m + \frac{2}{3} \cdot 6\,m = \frac{2}{3} \cdot (15\,m + 6\,m)$

$\frac{y_1 + y_2}{15\,m + 6\,m} = \frac{2}{3}$

Strahlensatz: In jeder Strahlensatzfigur mit drei oder mehr Strahlen verhalten sich die Abschnitte auf den Parallelen wie die vom Anfangspunkt aus gemessenen entsprechenden Abschnitte auf jedem Strahl.

Erweiterung der Strahlensätze, Seite 28

1

$\frac{h}{1{,}75\,m} = \frac{9{,}4\,m}{1{,}4\,m}$; h = 11,75 m

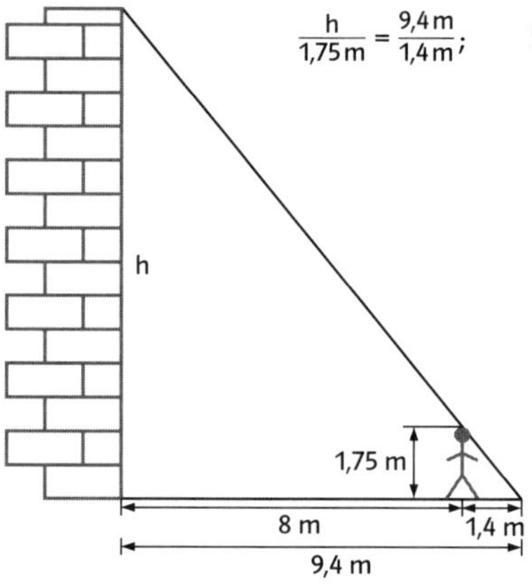

2

a) Bild wird größer. b) Bild wird kleiner. c) 60 cm

3

a) Schatten wird kleiner.

b) Der Schatten ist dann doppelt so groß wie sie.

c) 5,30 m

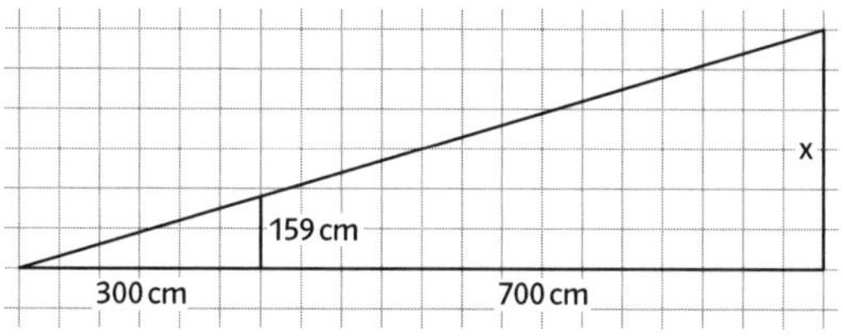

4

Es fehlt die Entfernung des Kirchturms.

Ähnliche Dreiecke, Seite 29

1

a) und b)

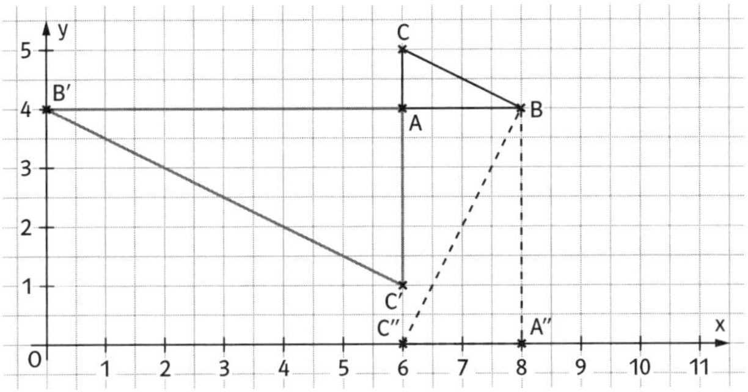

b) k = 1,5; Drehung 90° und anschließende Verschiebung

2

a) Dreieck ABE ist ähnlich zu Dreieck ACF und Dreieck BCE ist ähnlich zu Dreieck ACD.

b) $\frac{h}{3\,m} = \frac{5\,m - x}{5\,m}$; $h = 3\,m - \frac{3}{5}x$

$\frac{h}{2\,m} = \frac{x}{5\,m}$; $h = \frac{2}{5}x$

Gleichsetzen liefert: $3\,m - \frac{3}{5}x = \frac{2}{5}x$; $x = 3\,m$; $h = 1{,}2\,m$

c) $\frac{h}{3\,m} = \frac{10\,m - x}{10\,m}$; $h = 3\,m - \frac{3}{10}x$

$\frac{h}{2\,m} = \frac{x}{10\,m}$; $h = \frac{2}{10}x$

Gleichsetzen liefert: $3\,m - \frac{3}{10}x = \frac{2}{10}x$; $x = 6\,m$; $h = 1{,}2\,m$

Die Seile treffen sich in der Höhe $h = 1{,}2\,m$.

d) $\frac{h}{3\,m} = \frac{a - x}{a}$; $h = 3\,m - \frac{3\,m}{a} \cdot x$

$\frac{h}{2\,m} = \frac{x}{a}$; $h = \frac{2\,m}{a} \cdot x$

Gleichsetzen liefert: $3\,m - \frac{3\,m}{a} \cdot x = \frac{2\,m}{a} \cdot x$; $\frac{3}{5}a = x$;

$h = \frac{2\,m}{a} \cdot \frac{3}{5}a = 1{,}2\,m$

Die beiden Seile treffen sich immer in der gleichen Höhe $h = 1{,}2\,m$, …

3

a)

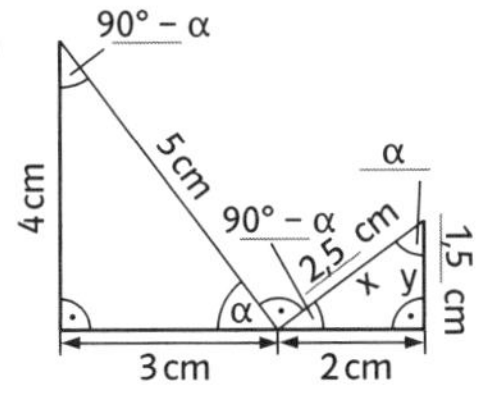

b) $\frac{x}{2\,cm} = \frac{5\,cm}{4\,cm}$; $x = 2{,}5\,cm$

$\frac{y}{2\,cm} = \frac{3\,cm}{4\,cm}$; $y = 1{,}5\,cm$

Ähnliche Figuren – Strahlensätze | Merkzettel, Seite 30

Text: Seiten; Winkel

Beispiele: $\frac{b}{b'} = \frac{c}{c'} = \frac{d}{d'}$ β'; γ'; δ'

Text: k; S; ähnlich

Beispiele:

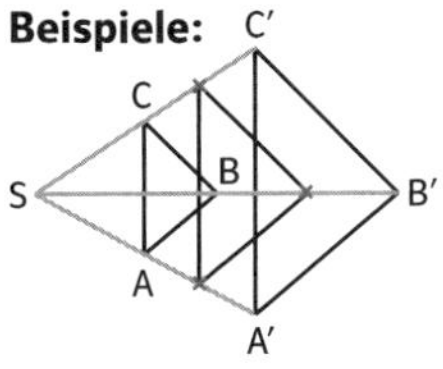

$\overline{SA}$ $\overline{AB}$ 2

Beispiele: $\frac{\overline{SA}}{\overline{SA'}}$ $\frac{\overline{SA}}{\overline{SA'}}$

Text: ähnlich

Beispiele: β' γ' $\frac{b}{b'} = \frac{c}{c'}$

Erhebung von Daten, Seite 31

1

a) Nominalskala b) 41

c)

Farbe	Rot	Gelb	Grün	Orange	Weiß
Piets Stichprobe	14	10	11	3	3
relative Häufigkeit	34,1 %	24,4 %	26,8 %	7,3 %	7,3 %

d)

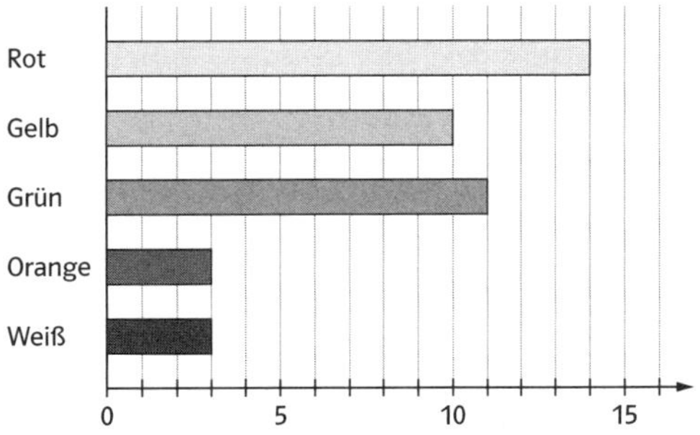

e) für Weiß, Orange, Grün und Gelb je 7 Stück, für Rot 14

f) Piets Stichprobe ist nicht repräsentativ, weil zu wenig orange und weiße Gummibärchen in der Tüte sind und dafür überdurchschnittlich viele gelbe und grüne.

g) individuelle Lösung

2

a) 1; 1; 1; 2; 2; 2; 2; 2; 3; 3; 3; 3; 3; 3; 3; 3; 3; 3; 3; 4; 4; 4; 4; 4; 4; 4; 5; 5; 5; 6;

b) 1; 2; 3; 4; 5; 6 bilden eine Rangskala.

c) nein

d)

Note	1	2	3	4	5	6
Klasse 9c	3	5	11	7	3	1
gesamte Schule	12	20	44	28	12	4

Lagemaße (1), Seite 32

1

a)

Febr.	Dez.	Jan.	Mai	Okt.	Sept.
24	35	43	48	65	85

Nov.	April	März	Aug.	Juli	Juni
89	112	125	128	175	251

b) Minimum: 24 Maximum: 251 Spannweite: 227

c) Zentralwert: Mittelwert der beiden mittleren Zahlen 85 und 89; er lautet 87.

d) Gerundetes arithmetisches Mittel: 98; 5 Zahlen oberhalb und 7 Zahlen unterhalb dieses Mittelwerts

2

a) und b) siehe Tabelle 1

c) Alle drei kommen in die nächste Runde.

d) Jens uns Ayse kämen nach den alten Spielregeln weiter.

3

a) 9a: 4; 9b: 4 b) 9a: 3,53; 9b: 3,5

Lagemaße (2), Seite 33

1

a) Die Rangliste lautet:
142 cm; 149 cm; 150 cm; 150 cm; 155 cm; 156 cm; 157 cm, 157 cm; 157 cm; 158 cm; 159 cm; 160 cm; 160 cm; 160 cm; 160 cm; 161 cm; 162 cm; 168 cm; 169 cm; 169 cm; 170 cm; 175 cm

b) kleinster Wert (Minimum): 142 cm; größter Wert (Maximum): 175 cm; Spannweite: 33 cm

c) Zentralwert: 159,5 cm

d) Es sind 22 Schülerinnen und Schüler in der Klasse, der berechnete Mittelwert ist 159,27 cm.

e) 11 Daten liegen unterhalb des Mittelwerts und 11 Daten oberhalb.

2

a) bis c) siehe Tabelle 2

3

Rangliste vom schlechtesten Wert aufsteigend:

Wurfweite	7,65	6,50	7,50	6,90	7,70
Ranglistenplatz	4	1	3	2	5

oder umgekehrt.

a) Minimum: 6,50 m; Maximum: 7,70 m; Spannweite: 1,20 m; Zentralwert: 7,50 m; arithmetisches Mittel: 7,25 m

b) 7,15 m

Boxplots, Seite 34

1

a) Insgesamt werden 21 Mädchen und 22 Jungen befragt.

b)

	Minimum	unteres Quartil	Zentralwert	oberes Quartil	Maximum
Mädchen	0	2	3	4	9
Jungen	0	3	4,5	6	12

c) Mädchen

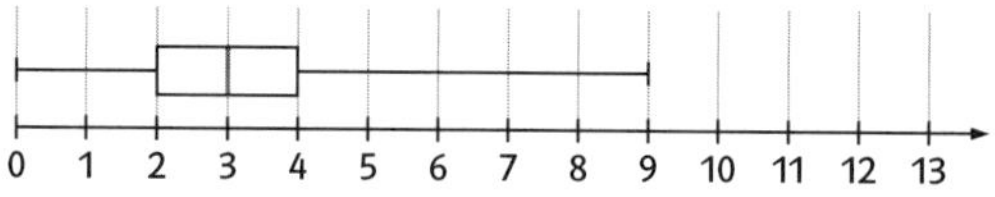

Jungen

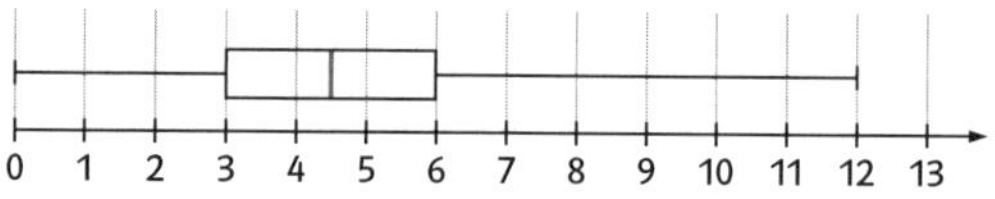

2

a) Summe: 2 000; Minimum: 60 km (1. Monat); Maximum: 300 km (9. Monat)

b) Rangliste Plätze 1 bis 12

Berechnung unteres Quartil: $12 \cdot \frac{1}{4} = 3$

Mittelwert: (80 + 80) : 2 = 80

c) Zentralwert: $12 \cdot \frac{1}{2} = 6$; Mittelwert: (120 + 180) : 2 = 150

d) Berechnung oberes Quartil: $12 \cdot \frac{3}{4} = 9$

Mittelwert: (240 + 260) : 2 = 250

e)

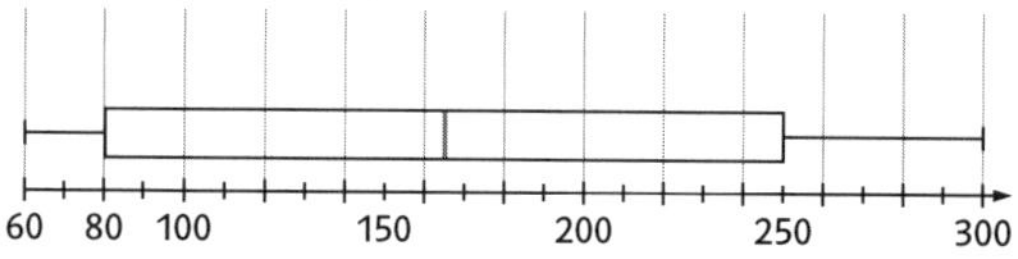

Tabelle 1

	Runde 1	Runde 2	Runde 3	Runde 4	Runde 5	Runde 6	Runde 7	Runde 8	Durchschnitt
Jens	~~88~~	121	144	~~65~~	(125)	~~64~~	~~55~~	~~89~~	130
Ayse	118	~~110~~	~~86~~	~~90~~	~~89~~	(120)	~~88~~	185	141
Leon	~~100~~	~~84~~	160	~~85~~	~~82~~	(110)	~~74~~	105	125

Tabelle 2

Durchschnitt	Liste	geordnete Liste	Spannweite	Median
19	9; 27; 10; 25; 24	9; 10; 24; 25; 27	18	24
19	14; 34; 16; 18; 32; 0	0; 14; 16; 18; 32; 34	34	17
17	9; 28; 17; 27; 12; 15; 11	9; 11; 12; 15; 17; 27; 28	19	15
17	22,6; 21,9; 22,4; 19,3; 17,9; 11,2; 3,7	3,7; 11,2; 17,9; 19,3; 21,9; 22,4; 22,6	18,9	19,3

3

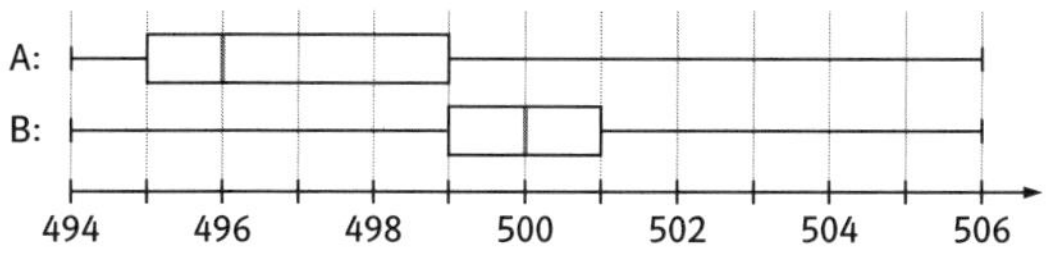

Maschine B; sie zeigt eine geringere Streuung und der Zentralwert liegt näher bei 500.

Daten und beschreibende Statistik | Merkzettel, Seite 35

Text: annähernd; repräsentativ

Text: Ordinal; Nominal
Beispiele: 4; 11; 13; 21 Anna; Bea; Jan; Piet

Text: Modal; Spannweite; arithmetisches; Zentralwert
Beispiele: 12 15

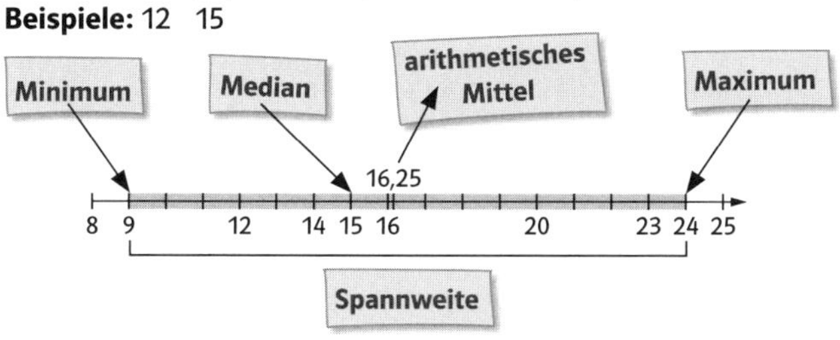

Text: vier
Beispiele:

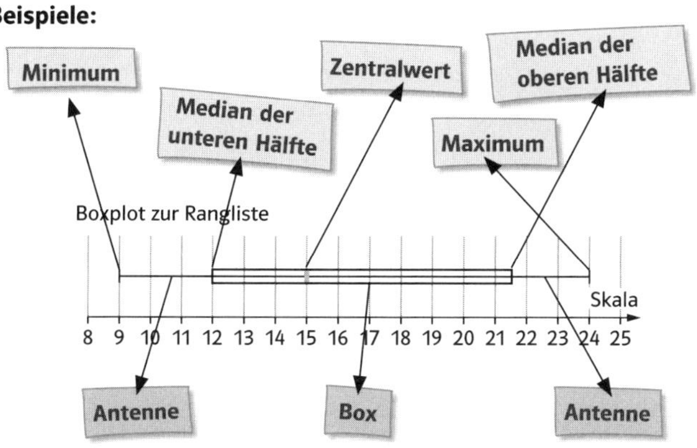

Rein quadratische Funktionen, Seite 36

1

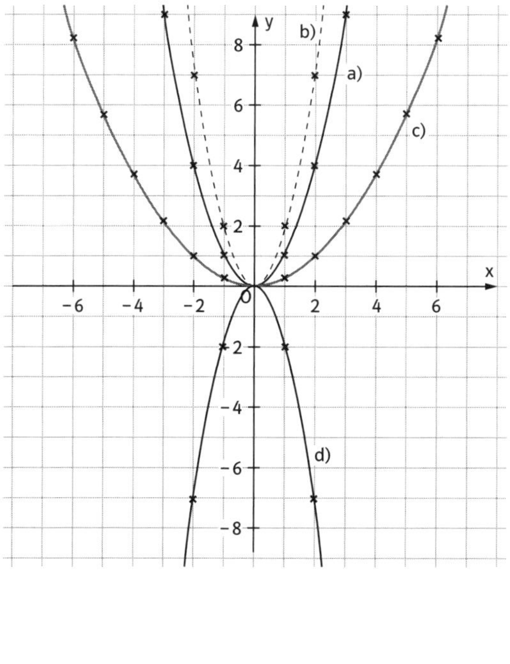

2
Eingesetzt werden nacheinander: doppelt, vier, Scheitelpunkt, unten, Vorzeichen.

3
a) $y = 4x^2$ b) $y = \frac{1}{3}x^2$ c) $y = -\frac{1}{2}x^2$ d) $y = -\frac{3}{2}x^2$

4
$P(-6\,|\,48)$; $Q(4\,|\,21\frac{1}{3})$; $R(0{,}5\,|\,\frac{1}{3})$; $S(9\,|\,108)$; $T(-2{,}5\,|\,8\frac{1}{3})$;
$U(15\,|\,300)$
Bei Q, S und U könnte der x-Wert jeweils auch negativ sein.

5
a) Auf der Parabel liegen die Punkte A, C und D.
b) Auf der Parabel liegen die Punkte A und B.

6
a) $y = -4x^2$ b) $y = 5{,}5x^2$ c) $y = 2x^2$ d) $y = 2{,}5x^2$

Allgemeine quadratische Funktionen, Seite 37

1
a) $S(-5\,|\,4)$ $y = (x+5)^2 + 4$
b) $S(0\,|\,-1)$ $y = \frac{1}{4}x^2 - 1$
c) $S(-2\,|\,5)$ $y = -2(x+2)^2 + 5$
d) $S(2\,|\,2)$ $y = 3(x-2)^2 + 2$
e) $S(3\,|\,-1)$ $y = (x-3)^2 - 1$
f) $S(2{,}5\,|\,1{,}5)$ $y = -(x-2{,}5)^2 + 1{,}5$

2
a) verschoben um 3 nach rechts und 5 nach oben; enger
b) verschoben um 6 nach links und 2,5 nach unten; nach unten geöffnet
c) verschoben um 10 nach oben; nach unten geöffnet; enger
d) verschoben um 5 nach unten; breiter
e) verschoben um 6 nach rechts; nach unten geöffnet; breiter
f) verschoben um $\frac{1}{2}$ nach links; breiter

3
a) $y = (x+5)^2 - 3$
b) $y = 4x^2$ $y = 4x^2 + 3{,}5$ $y = 4(x+7)^2 + 3{,}5$
c) um 8 Einheiten nach rechts verschoben $y = -(x-8)^2$
d) $S(-9\,|\,-4)$ unten

4
$S(0\,|\,5)$ gehört zu $y = x^2 + 5$; $y = 5x^2 + 5$; $y = \frac{1}{3}x^2 + 5$
$S(-2{,}5\,|\,0{,}5)$ gehört zu $y = (x+2{,}5)^2 + 0{,}5$; $y = 5(x+2{,}5)^2 + 0{,}5$
$S(5{,}2\,|\,-4)$ gehört zu $y = -2{,}5(x-5{,}2)^2 - 4$
$S(\frac{1}{3}\,|\,0)$ gehört zu $y = \frac{1}{3}(x-\frac{1}{3})^2$; $y = 5{,}2(x-\frac{1}{3})^2$
$S(0\,|\,-\frac{1}{2})$ gehört zu $y = 5x^2 - \frac{1}{2}$; $y = \frac{1}{3}x^2 - \frac{1}{2}$; $y = -x^2 - \frac{1}{2}$

Scheitelform und allgemeine Form, Seite 38

1
b) $x^2 - 18x + 81 = (x-9)^2$ c) $x^2 - 5x + 6{,}25 = (x-2{,}5)^2$
d) $x^2 - \frac{1}{2}x + \frac{1}{16} = \left(x - \frac{1}{4}\right)^2$ e) $x^2 + 8x + 16 = (x+4)^2$
f) $x^2 + \frac{2}{3}x + \frac{1}{9} = \left(x + \frac{1}{3}\right)^2$

2

Beispiel: S(−5,5 | −30,25)

a) $y = x^2 - 4x + 2^2 - 2^2 + 1$; $y = (x - 2)^2 - 3$; S(2 | −3)

b) $y = x^2 + 10x + 5^2 - 5^2 - 5$; $y = (x + 5)^2 - 30$; S(−5 | −30)

c) $y = x^2 - 2x + 1^2 - 1^2 + 2$; $y = (x - 1)^2 + 1$; S(1 | 1)

3

a) $y = 5(x^2 - 4x) + 5$
$y = 5(x^2 - 4x + 2^2 - 2^2) + 5$
$y = 5((x - 2)^2 - 4) + 5$
$y = 5(x - 2)^2 - 20 + 5$
$y = 5(x - 2)^2 - 15$
S(2 | −15)

b) $y = -3(x^2 + 6x) + 12$
$y = -3(x^2 + 6x + 3^3 - 3^3) + 12$
$y = -3((x + 3)^2 - 9) + 12$
$y = -3(x + 3)^2 + 27 + 12$
$y = -3(x + 3)^2 + 39$
S(−3 | 39)

4

a) $y = -3(x - 3)^2 + 27$ b) 27 m

c) Nullstellen bei $x_1 = 0$ und $x_2 = 6$; die Fontäne sprüht 6 m weit.

Optimierungsaufgaben, Seite 39

1

Es werden nacheinander eingesetzt:

1 b = 7 cm; x

2 schwarzen

3 x; 7 + x; (12 − x)(7 + x) (in cm²); $84 + 5x - x^2$; größten; S(2,5 | 90,25); 2,5

Nebenrechnung: $A = -x^2 + 5x + 84$; $A = -(x^2 - 5x) + 84$;
$A = -((x - 2{,}5)^2 - 6{,}25) + 84$; $A = -(x - 2{,}5)^2 + 90{,}25$

4 2,5; 90,25 (cm²)

2

a) um 2 vergrößerte Zahl: x + 2; Produkt $p(x) = x \cdot (x + 2)$;
Produkt in Scheitelform: $p(x) = x^2 + 2x = (x + 1)^2 - 1$; S(−1 | −1)
Für die Zahl −1 wird das Produkt am kleinsten, nämlich −1.

b) Zahl: x; Doppeltes der Zahl: 2x;
um 5 verminderte Zahl: x − 5; Produkt $p(x) = 2x \cdot (x - 5)$;
Produkt in Scheitelform: $p(x) = 2(x^2 - 5x) = 2((x - 2{,}5)^2 - 2{,}5^2)$
$= 2(x - 2{,}5)^2 - 12{,}5$; S(2,5 | −12,5)
Für die Zahl 2,5 wird das Produkt am kleinsten, nämlich −12,5.

3

Es werden nacheinander eingesetzt:
54 − x; 5000 · x; 5000 · x; Brote.
Also gilt: $G = (54 - x) \cdot (300\,000 + 5000x)$
Bestimmung des Scheitelpunktes: S(−3 | 16 245 000)
Nebenrechnung: $G = -5000x^2 - 30\,000x + 16\,200\,000$
$G = -5000(x^2 + 6x) + 16\,200\,000$
$G = -5000((x + 3)^2 - 9) + 16\,200\,000$
$G = -5000(x + 3)^2 + 16\,245\,000$
Der maximale Gewinn ergibt sich für x = −3 ct und beträgt 16 245 000 ct. Dies ist eine Preiserhöhung um 3 ct, sodass das Brot dann 2,11 € kostet.

Lösen quadratischer Gleichungen (1), Seite 40

1

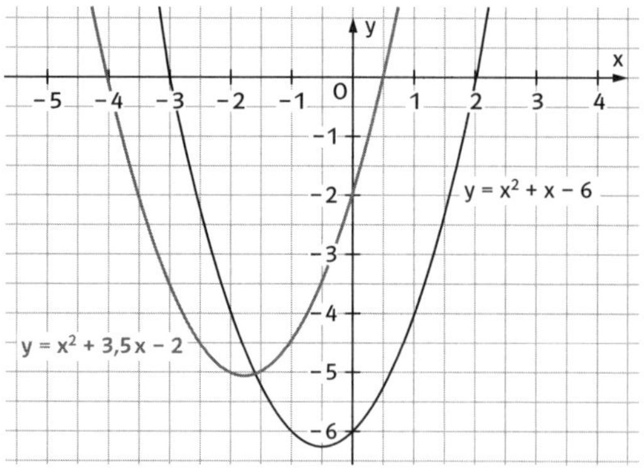

a) $f(x) = (x + 0{,}5)^2 - 6{,}25$; S(−0,5 | −6,25);
Nullstellen sind: $x_1 \approx -3$; $x_2 \approx 2$

b) $x^2 + 3{,}5x - 2 = 0$; $f(x) = (x + 1{,}75)^2 - 1{,}75^2 - 2$;
$f(x) = (x + 1{,}75)^2 - 5{,}0625$; S(−1,75 | −5,0625);
Nullstellen sind: $x_1 \approx -4$; $x_2 \approx 0{,}5$

2

a)

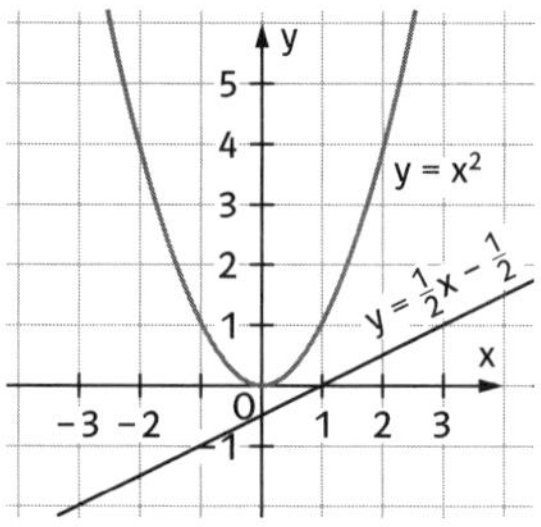

$x^2 = \frac{1}{2}x - \frac{1}{2}$;

$y = x^2$ und $y = \frac{1}{2}x - \frac{1}{2}$;

keine Lösung

b)

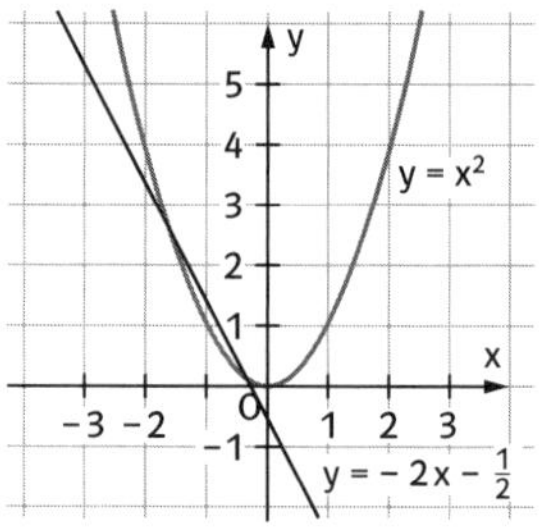

$x^2 = -2x - \frac{1}{2}$;

$y = x^2$ und $y = -2x - \frac{1}{2}$;

$x_1 \approx -1{,}7$; $x_2 \approx -0{,}3$

c)

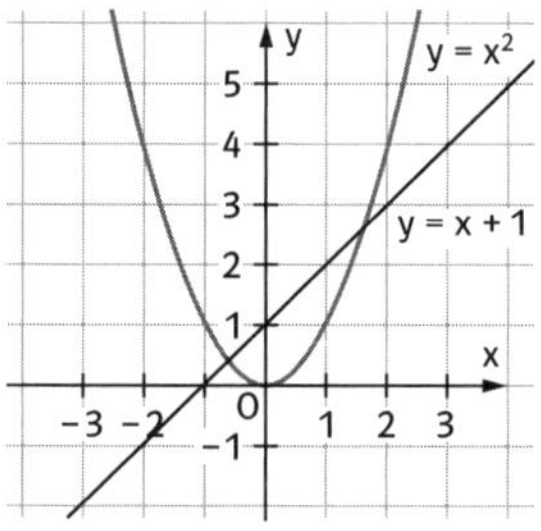

$x^2 = x + 1$;

$y = x^2$ und $y = x + 1$;

$x_1 \approx -0{,}6$; $x_2 \approx 1{,}6$

d)

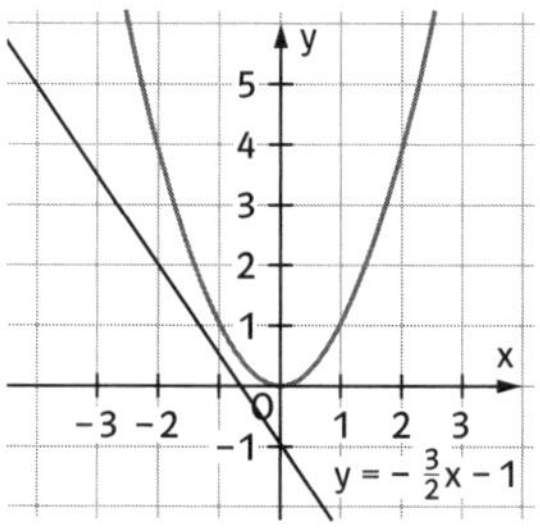

$x^2 = -\frac{3}{2}x - 1$;

$y = x^2$ und $y = -\frac{3}{2}x - 1$;

keine Lösung

3

a) Gerade: y = 2x; Gleichung: $x^2 = 2x$; $x_1 \approx 0$; $x_2 \approx 2$

b) Gerade: y = −2x − 1; Gleichung: $x^2 = -2x - 1$; nur eine Lösung: $x \approx -1$

c) Gerade: y = x + 2; Gleichung: $x^2 = x + 2$; $x_1 \approx -1$; $x_2 \approx 2$

d) Gerade: y = 1; Gleichung: $x^2 = 1$; $x_1 \approx -1$; $x_2 \approx 1$

Lösen quadratischer Gleichungen (2), Seite 41

1

a) $p = -8$; $q = 7$; $x_1 = 7$ und $x_2 = 1$
b) $p = 3$; $q = -10$; $x_1 = 2$ und $x_2 = -5$
c) $p = 8$; $q = 12$; $x_{1,2} = -\frac{8}{2} \pm \sqrt{\left(\frac{8}{2}\right)^2 - 12} = -4 \pm \sqrt{16 - 12}$
$= -4 \pm \sqrt{4} = -4 \pm 2$; $x_1 = -2$ und $x_2 = -6$

2

siehe Tabelle 1

3

a) $3x^2 + 12x - 24 = 0$; $x^2 + 4x - 8 = 0$
$x_{1,2} = -2 \pm \sqrt{2^2 + 8} = -2 \pm \sqrt{12} = -2 \pm 2\sqrt{3}$
$x_1 \approx 1{,}46$ und $x_2 \approx -5{,}46$
b) $5x^2 - 30x + 20 = 0$; $x^2 - 6x + 4 = 0$
$x_{1,2} = 3 \pm \sqrt{3^2 - 4} = 3 \pm \sqrt{5}$
$x_1 \approx 5{,}24$ und $x_2 \approx 0{,}76$
c) $6x^2 - 3x - 24 = 0$; $x^2 - \frac{1}{2}x - 4 = 0$
$x_{1,2} = \frac{1}{4} \pm \sqrt{\left(\frac{1}{4}\right)^2 + 4} = \frac{1}{4} \pm \sqrt{4\frac{1}{16}}$
$x_1 \approx 2{,}27$ und $x_2 \approx -1{,}77$

4

a) $x_1 = 0$; $x_2 = -23$
b) $x_1 = 0$; $x_2 = +1{,}3$
c) $x_1 = 0$; $x_2 = -3{,}5$
d) $x_1 = 0$; $x_2 = 5$

3

a)

$q = x_1 \cdot x_2$	x_1	x_2	$p = -(x_1 + x_2)$
30	3	10	$-(3 + 10) = -13 \neq 11$
30	5	6	$-(5 + 6) = -11 \neq$
30	−5	−6	$-(-5 - 6) = -11$ ✓

Lösungen sind $x_1 = -5$ und $x_2 = -6$.

b)

$q = x_1 \cdot x_2$	x_1	x_2	$p = -(x_1 + x_2)$
−8	2	−4	$-(2 - 4) = 2 \neq -7$
−8	1	−8	$-(1 - 8) = 7 \neq -7$
−8	−1	8	$-(-1 + 8) = -7$ ✓

Lösungen sind $x_1 = -1$ und $x_2 = 8$.

4

a) richtig
b) falsch; $L = \{-4; 5\}$
c) richtig
d) falsch; $L = \{1{,}5; 3\}$

5

a) $x_2 = -2$; $p = -(3 - 2) = -1$
$y = x^2 - x - 6$ bzw. $y = (x - 3)(x + 2)$
b) $q = 48$; da $q = x_1 \cdot x_2$, also $x_2 = 48 : 6 = 8$
$p = -(6 + 8) = -14$; $y = x^2 - 14x + 48$ bzw. $y = (x - 6)(x - 8)$

Linearfaktorzerlegung, Seite 42

1

a) $p = -8$; $q = 15$; $x_2 = 15 : 3 = 5$
Probe: $p = -(3 + 5) = -8$ ✓
b) $p = 8$; $q = 12$; $x_2 = q : x_1 = 12 : (-6) = -2$
Probe: $p = -(x_1 + x_2) = -(-6 + (-2)) = 8$ ✓
c) $p = 2$; $q = -15$; $x_2 = q : x_1 = -15 : (-5) = 3$
Probe: $p = -(x_1 + x_2) = -(-5 + 3) = 2$ ✓
d) $p = -7\frac{2}{7}$; $q = 2$; $x_2 = q : x_1 = 2 : 7 = \frac{2}{7}$
Probe: $p = -(x_1 + x_2) = \left(7 + \frac{2}{7}\right) = -7\frac{2}{7}$ ✓
e) $p = 8$; $q = 0$; $x_2 = q : x_1 = 0 : 0$; ist nicht lösbar;
also: $x_2 = -p - x_1 = -8 - 0 = -8$
Probe: $q = x_1 \cdot x_2 = 0 \cdot (-8) = 0$ ✓

2

a) $p = -(x_1 + x_2) = -(-1 - 5) = 6$; $q = x_1 \cdot x_2 = (-1) \cdot (-5) = 5$
$x^2 + 6x + 5 = (x + 1)(x + 5)$
b) $p = -(x_1 + x_2) = -(3 + 4) = -7$; $q = x_1 \cdot x_2 = 3 \cdot 4 = 12$
$x^2 - 7x + 12 = (x - 3)(x - 4)$

Anwendungen, Seite 43

1

Verstehen der Aufgabe:
Einzusetzen sind nacheinander folgende Werte: 1; 60; 1,93; 1,158; 5; 2,45; 2,50 und 25.

Ausdenken eines Plans:
Es ergibt sich die Funktionsgleichung: $y = a \cdot (x - u)^2 + v$.
Im Tipp sind nacheinander einzusetzen: Absprungstelle; (0 | 1,158) und (1 | 2,5).

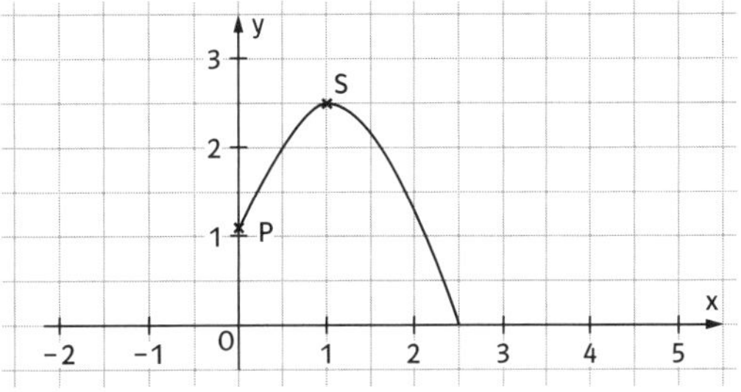

Tabelle 1

Quadratische Gleichung	Einsetzen in pq-Formel	Wert der Diskriminante	Anzahl der Lösungen	Lösungen, falls vorhanden
a) $x^2 + 4x - 21 = 0$	$x_{1,2} = -2 \pm \sqrt{2^2 + 21}$	$2^2 + 21 = 25$	2	−7; +3
b) $x^2 - 6x + 9 = 0$	$x_{1,2} = 3 \pm \sqrt{3^2 - 9}$	$3^2 - 9 = 0$	1	3
c) $x^2 - 3x + 8 = 0$	$x_{1,2} = \frac{3}{2} \pm \sqrt{\left(\frac{3}{2}\right)^2 - 8}$	$\left(\frac{3}{2}\right)^2 - 8 = -5{,}75$	0	–
d) $x^2 + 14x + 24 = 0$	$x_{1,2} = -7 \pm \sqrt{7^2 - 24}$	$7^2 - 24 = 25$	2	−12; −2
e) $x^2 + 3x + 2{,}25 = 0$	$x_{1,2} = -\frac{3}{2} \pm \sqrt{\left(\frac{3}{2}\right)^2 - 2{,}25}$	$\left(\frac{3}{2}\right)^2 - 2{,}25 = 0$	1	−1,5
f) $x^2 - 10x + 30 = 0$	$x_{1,2} = 5 \pm \sqrt{5^2 - 30}$	$5^2 - 30 = -5$	0	–

Durchführen des Plans:
Es ergibt sich folgender vollständige Text:
(1) Einsetzen des Punktes S(1 | 2,5) ergibt $y = a \cdot (x - 1)^2 + 2{,}5$.
Durch Einsetzen des Punktes P(0 | 1,158) erhält man $1{,}158 = a + 2{,}5$.
Umformen ergibt $a = -1{,}342$.
Also ergibt sich als Funktionsgleichung:
$y = -1{,}342 \cdot (x - 1)^2 + 2{,}5$.
(2) Wenn Sotomayor 25 cm früher abgesprungen wäre, hätte er bei der Latte dieselbe Höhe gehabt wie bei der skizzierten Flugbahn 25 cm hinter der Latte. Also gibt die y-Koordinate an der Stelle $x = 1{,}25$ die gesuchte Höhe an:
$y = -1{,}342 \cdot (1{,}25 - 1)^2 + 2{,}5 = 2{,}42$.
Notwendiger Abstand zur Latte (5 cm) → übersprungene Höhe: 2,37 m.

Rückschau:
(1) 2,37
(2) Das Ergebnis ist realistisch, weil er bei anderen Wettbewerben ähnliche Höhen übersprang.

Gleichungen, die auf quadratische Gleichungen führen, Seite 44

1

a) $x^3 - x^2 - 6x = 0$ | x ausklammern
$x(x^2 - x - 6) = 0$
$x^1 = 0$ oder $x^2 - x - 6 = 0$
$x_{2,3} = \frac{1}{2} \pm \sqrt{\left(\frac{1}{2}\right)^2 + 6} = \frac{1}{2} \pm \sqrt{6{,}25} = \frac{1}{2} \pm 2\frac{1}{2}$
$x_2 = 3$ $x_3 = -2$
Lösungsmenge $L = \{-2;\ 0;\ 3\}$
b) $z^3 + 4z^2 - 5z = 0$ | z ausklammern
$z(z^2 + 4z - 5) = 0$
$z_1 = 0$ oder $z^2 + 4z - 5 = 0$
$x_{2,3} = -2 \pm \sqrt{2^2 + 5} = -2 \pm \sqrt{9} = -2 \pm 3$
$z_2 = 1$ $z_3 = -5$
Lösungsmenge $L = \{-5;\ 0;\ 1\}$

2

Folgende Gleichungen gehören zusammen:
$z^2 + z + 8 = 0$ und $x^4 + x^2 + 8 = 0$
$z^2 + 2z + 8 = 0$ und $x^4 + 2x^2 + 8 = 0$
$z^2 - 2z - 8 = 0$ und $x^4 - 2x^2 - 8 = 0$
$z^2 - z + 8 = 0$ und $x^4 - x^2 + 8 = 0$

3

$x^4 - 8x^2 - 9 = 0$ | $x^2 = z$
$z^2 - 8z - 9 = 0$
$z_{1,2} = \frac{(8 \pm 10)}{2} = 4 \pm 5$
$z_1 = 9$ $z_2 = -1$ | Substitution rückgängig machen
$x^2 = 9$ $x^2 = -1$ nicht lösbar
$x_1 = 3$ $x_2 = -3$
Lösungsmenge $L = \{-3;\ 3\}$

4

a) $2x - 2 - x^2 = x - 2x^2$
$2x^2 - x^2 + 2x - x - 2 = 0$
$x^2 + x - 2 = 0$
$x_{1,2} = -\frac{1}{2} \pm \sqrt{\left(\frac{1}{2}\right)^2 + 2} = -\frac{1}{2} \pm \sqrt{2{,}25} = -\frac{1}{2} \pm 1\frac{1}{2}$
$x_1 = -2$ $x_2 = 1$
Die Ausgangsgleichung ist für $x = 1$ nicht definiert, also ist die Lösungsmenge $L = \{-2\}$.
b) $\frac{(3x - 6)}{(x - 2)} = \frac{(x + 2)}{(x - 6)}$ | $\cdot (x - 2)(x - 6)$
$\frac{(3x - 6)(x - 2)(x + 6)}{(x - 2)} = \frac{(x + 2)(x - 2)(x - 6)}{(x - 6)}$
$3x^2 - 6x - 18x + 36 = x^2 - 4$ | $-x^2 + 4$
$2x^2 - 24x + 40 = 0$ | : 2
$x^2 - 12x + 20 = 0$
$x_{1,2} = 6 \pm \sqrt{36 - 20} = 6 \pm 4$
$x_1 = 10$ $x_2 = 2$
Die Ausgangsgleichung ist für $x = 2$ nicht definiert, also ist die Lösungsmenge $L = \{10\}$.

5

$(\sqrt{17 - 2x})^2 = (x - 1)^2$
$17 - 2x = x^2 - 2x + 1$
$16 = x^2$
$x_1 = 4$ und $x_2 = -4$
Überprüfen der Lösungen:
$x_1 = 4$: $1 + \sqrt{17 - 2 \cdot 4} = 4$; $1 + \sqrt{9} = 4$; $4 = 4$
$x_2 = -4$: $1 + \sqrt{17 - 2 \cdot (-4)} = -4$; nicht möglich,
da die linke Seite des Ausdrucks stets positiv, die rechte Seite aber negativ ist.
Lösungsmenge $L = \{4\}$.

Quadratische Funktionen und quadratische Gleichungen | Merkzettel, Seite 45

Text: Parabeln; (0 | 0); Scheitelpunkt
Beispiele: b) $y = 3x^2$ c) $y = \frac{1}{4}x^2$ d) $y = -x^2$

Text: Parabeln; x; y; (d | e)
Beispiele: a) $y = 2 \cdot (x + 2)^2 - 1$; S(−2 | −1)
b) $y = 2 \cdot (x - 3)^2 + 2$; S(3 | 2)

Text: a; b; c; quadratisch
Beispiele: $y = x^2 - 6x + 3^2 - 3^2 + 13$; $y = (x - 3)^2 + 4$
$x^2 + 2x + 1 - 5 = x^2 + 2x - 4$

Beispiele: $x^2 + x - \frac{5}{4} = 0$

Text: Nullstellen; Schnittpunkte
Beispiele: 1. a) $y = x^2 + x - 1{,}25$ $x_1 \approx -1{,}75$ $x_2 \approx 0{,}75$
1. b) $y = -x + 1{,}25$ $x_1 \approx -1{,}75$ $x_2 \approx 0{,}75$
2. $x_{1,2} = -\frac{+1}{2} \pm \sqrt{\left(\frac{+1}{2}\right)^2 - (-1{,}25)} = -\frac{1}{2} \pm \sqrt{1{,}5}$
$x_1 = -0{,}5 + \sqrt{1{,}5}$ $x_2 = -0{,}5 - \sqrt{1{,}5}$

Üben und Wiederholen | Training 2, Seite 46

1

a)

b)

Die Zahl $\sqrt{-3}$ kann nicht auf der Zahlengeraden eingetragen werden, da sie keine reelle Zahl ist (d.h., es gibt keine Zahl $r \in \mathbb{R}$ mit $r^2 = -3$).

2

a) $4 \cdot \sqrt{3}$ b) $9 \cdot \sqrt{5}$ c) $12 \cdot \sqrt{3}$ d) $14 \cdot \sqrt{3}$

3

a) $\sqrt{20}$ b) $\sqrt{175}$ c) $\sqrt{490}$ d) $\sqrt{1500}$

4

a)

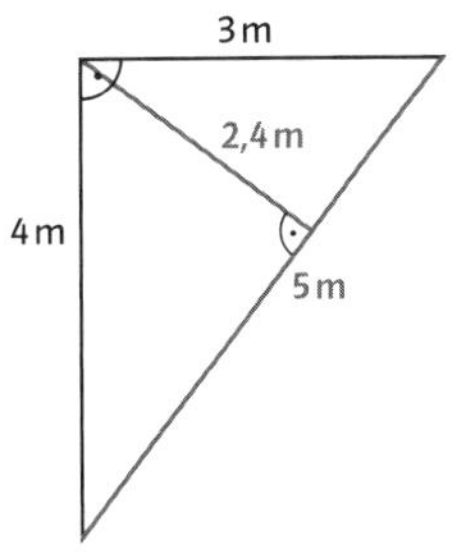

b)

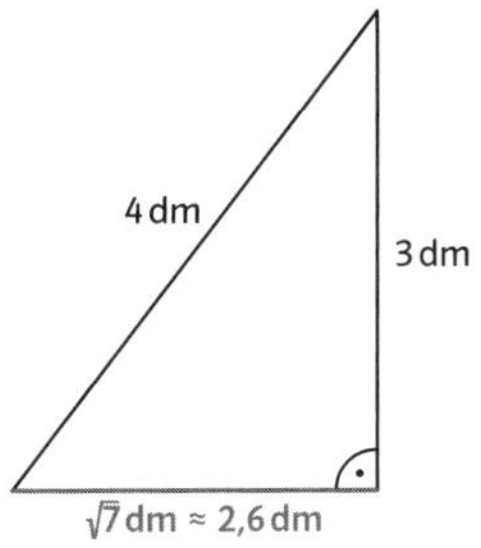

c)

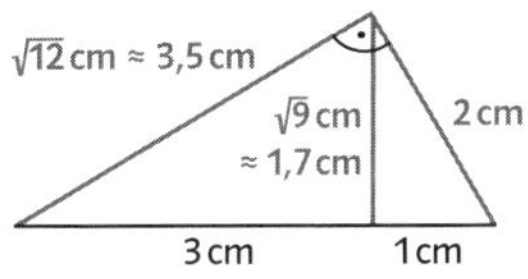

d)

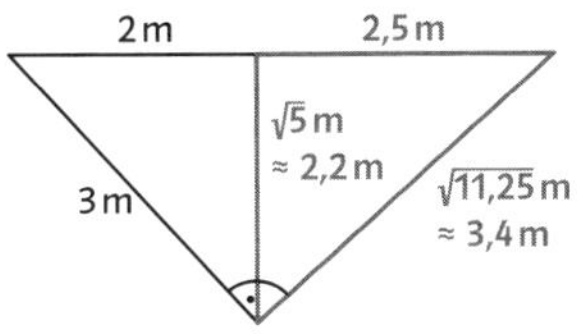

5

a) $\overline{FB}$ mit dem Höhensatz; $\overline{AC} = 5\,cm$; $\overline{AF} = 3{,}2\,cm$; $\overline{FC} = 1{,}8\,cm$; $\overline{FB} = 2{,}4\,cm$

Flächeninhalt $A = \frac{1}{2} \cdot \overline{FC} \cdot \overline{FB} = 2{,}16\,cm^2$

b) 18 % des Rechtecks sind gefärbt.
Die Diagonale $\overline{AC}$ wird durch den Punkt F im Verhältnis 16 : 9 geteilt.

6

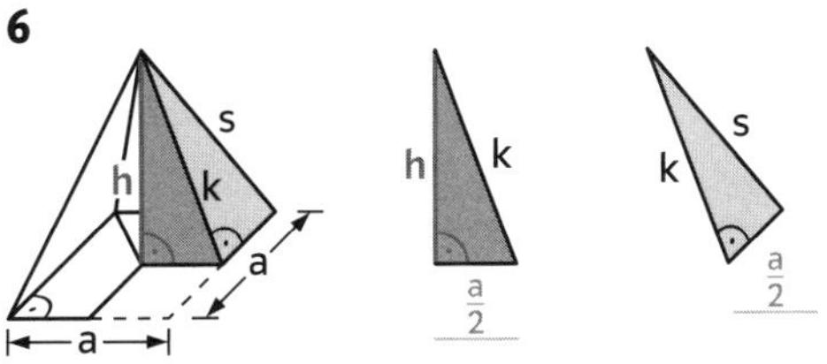

Gegeben: Grundflächenseitenlänge a; Höhe h
gesucht: Formel für die Länge von s

$k^2 = \left(\frac{a}{2}\right)^2 + h^2$ (gelbes Dreieck)

$s^2 = k^2 + \left(\frac{a}{2}\right)^2 = h^2 + \left(\frac{a}{2}\right)^2 + \left(\frac{a}{2}\right)^2 = \frac{a^2}{2} + h^2$

$s = \sqrt{\frac{a^2}{2} + h^2}$

Üben und Wiederholen | Training 2, Seite 47

7

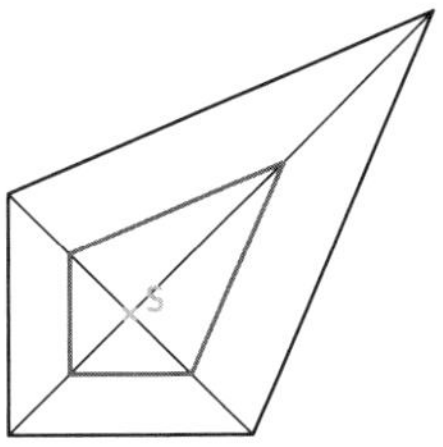

8

k = 2

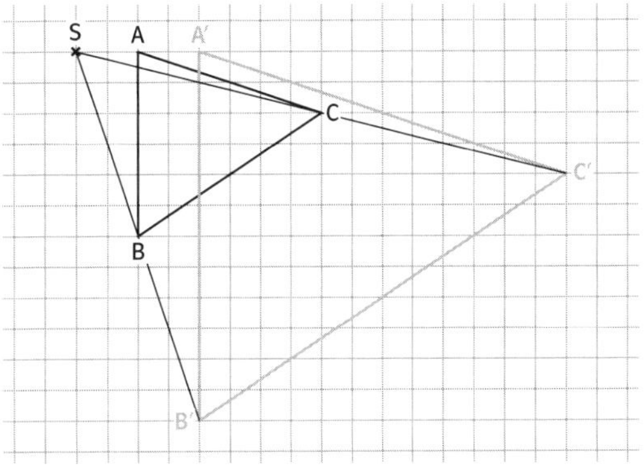

9

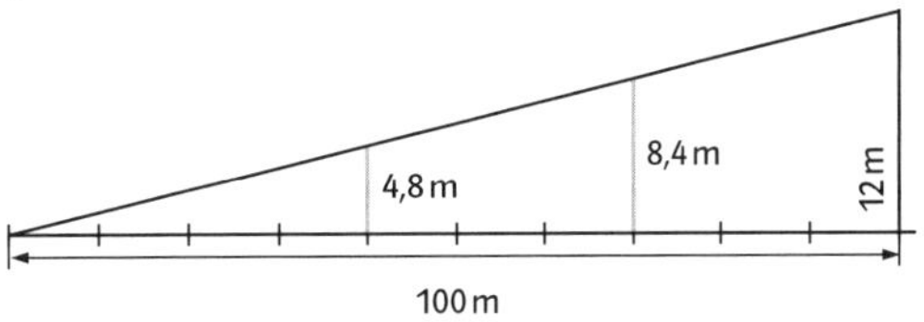

10

a) arithmetisches Mittel: 22; Median: 20

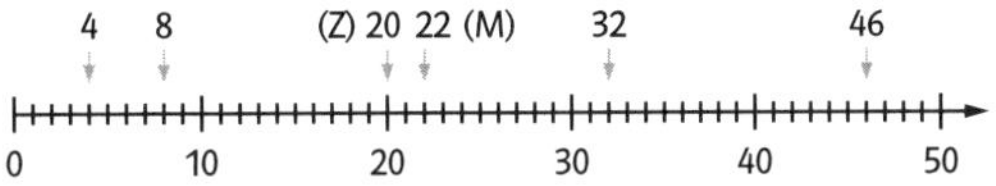

b) arithmetisches Mittel: 108; Median: 109

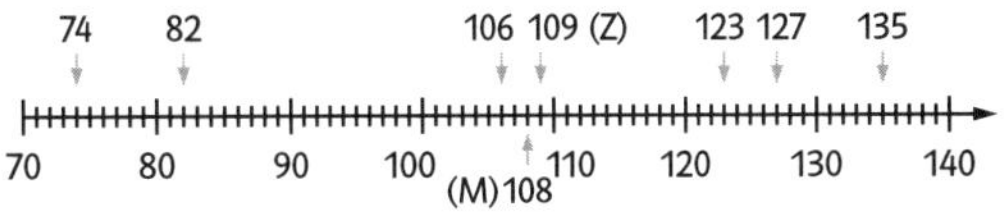

11

a)

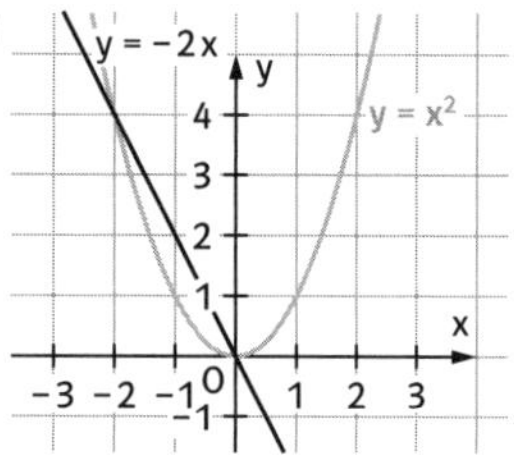

$y = -2x$

$x_1 \approx -2; \quad x_2 \approx 0$

b)

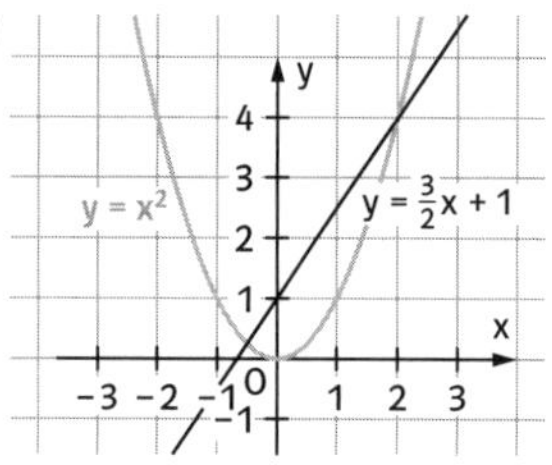

$x^2 = \frac{3}{2}x + 1$

$y = x^2$

$y = \frac{3}{2}x + 1$

$x_1 \approx -0{,}5; \quad x_2 \approx 2$

c)

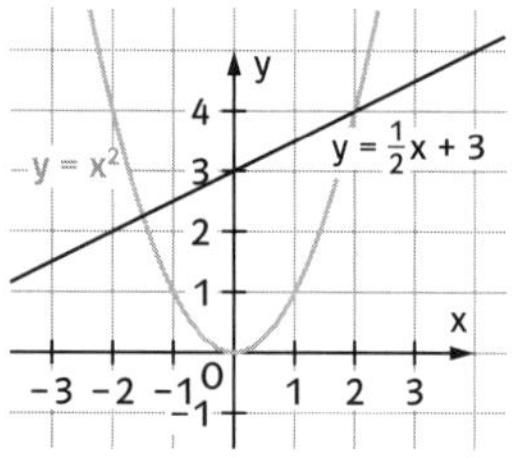

$x^2 = \frac{1}{2}x + 3$

$y = x^2$

$y = \frac{1}{2}x + 3$

$x_1 \approx -1{,}5; \quad x_2 \approx 2$

d)

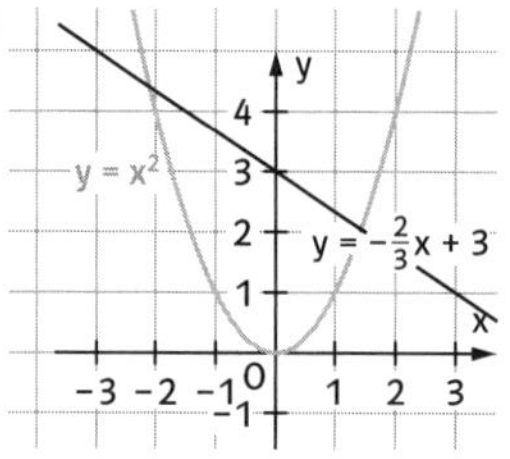

$x^2 = -\frac{2}{3}x + 3$

$y = x^2$

$y = -\frac{2}{3}x + 3$

$x_1 \approx -2{,}10; \quad x_2 \approx 1{,}4$

Potenzen mit ganzzahligen Exponenten, Seite 48

1

Zusammen gehören:

Kilo... (k) — 10^3
Giga... (G) — 10^9
Zenti... (c) — 10^{-2}
Mikro... (µ) — 10^{-6}
Hekto... (h) — 10^2
Mega... (M) — 10^6
Dezi... (d) — 10^{-1}
Milli... (m) — 10^{-3}
Nano... (n) — 10^{-9}

2

	Übersetzung der Einheit	wissenschaftliche Schreibweise	Dezimal-schreibweise
a)	$35 \cdot 10^{-6}$ m	$3{,}5 \cdot 10^{-5}$ m	0,000 035 m
b)	$0{,}2 \cdot 10^{-3}$ m	$2 \cdot 10^{-4}$ m	0,0002 m
c)	$320 \cdot 10^{2}$ Pa	$3{,}2 \cdot 10^{4}$ Pa	32000 Pa
d)	$110 \cdot 10^{6}$ Pa	$1{,}1 \cdot 10^{8}$ Pa	110 000 000 Pa
e)	$110 \cdot 10^{-9}$ m	$1{,}1 \cdot 10^{-7}$ m	0,000 000 11 m
f)	$1500 \cdot 10^{3}$ W	$1{,}5 \cdot 10^{6}$ W	1 500 000 W

3

a) 73 400 000 b) 0,0029 c) 0,010 52
d) 620 000 e) 41 000 f) 0,000 507

4

Die Umformungen a), c) und e) sind richtig. Die restlichen müssen wie folgt korrigiert werden:

b) -4^2 d) $\frac{1}{3}$ f) 27

5

a) $\frac{3^2}{5^7}$ b) $6^6 \cdot 5$ c) $\frac{7^5}{2^6}$ d) $8^9 \cdot 3^2$
e) $2^9 \cdot 4^3$ f) $\frac{7^5}{6}$

6

a) 6^{-2} b) $\frac{1}{5^3} = 5^{-3}$ c) $\frac{1}{2^5} = 2^{-5}$ d) $\frac{1}{7^2} = 7^{-2}$
e) $\frac{1}{12^2} = 12^{-2}$ f) $\frac{1}{3^3} = 3^{-3}$

7

a) $5 \cdot (-8) = -40$ b) $-4 + 2^4 = -4 + 16 = 12$ c) $4 - 27 = -23$
d) $6 \cdot 3^2 = 54$ e) $50 + 2 = 52$ f) $3 + 2 = 5$

Potenzen mit gleicher Basis, Seite 49

1

a) Beispiel: $x^3 \cdot x^4 = (x \cdot x \cdot x) \cdot (x \cdot x \cdot x \cdot x) = x^7 = x^{3+4}$

b) Potenzen mit gleicher Basis werden dividiert, indem die Exponenten subtrahiert werden.
Beispiel: individuelle Lösung, z.B. $y^5 : y^3 = (y \cdot y \cdot y \cdot y \cdot y) : (y \cdot y \cdot y) = y^2 = y^{5-3}$

2

a) a^9 b) b^6 c) c^5 d) d^{-5}
e) r^{-1} f) s^{11} g) t^4 h) u^{-6}

3

Potenzen werden potenziert, indem man die Exponenten multipliziert.
$(z^3)^2 = (z^3) \cdot (z^3) = (z \cdot z \cdot z) \cdot (z \cdot z \cdot z) = z^6 = z^{3 \cdot 2}$

4

individuelle Lösung, z.B.:

	wertgleiche Potenzen			Vereinfachung
a)	$(2^4)^4$	$(2^2)^8$	$(2^8)^2$	2^{16}
b)	$(x^3)^{-4}$	$(x^{-2})^6$	$(x^{-4})^3$	x^{-12}
c)	$(3^{-2})^2$	$(3^2)^{-2}$	$(3^4)^{-1}$	3^{-4}
d)	$(y^6)^m$	$(y^{2m})^3$	$(y^2)^{3m}$	y^{6m}
e)	$(z^2)^n$	$(z^n)^2$	z^{n+n}	z^{2n}

5

Pauls Lösungen sind bei a), d) und f) falsch. Maries Lösungen sind bei b) und g) falsch.
Marie hat mehr richtige Umformungen.

6

a) $3z^3$ b) $5w^5$ c) 3 d) $7a^2$
e) b^{-2} f) x^k

7

a) Der Fehler befindet sich nach dem 2. Gleichheitszeichen.
Richtig ist:
$2u^{3-1}v^{7-6} = 2u^2v$

b) Der Fehler befindet sich nach dem 2. Gleichheitszeichen.
Richtig ist:
$4 \cdot a^{7-5} \cdot b^{1-3} = 4a^2b^{-2}$

c) Der Fehler befindet sich nach dem 1. Gleichheitszeichen.
Richtig ist:
$\frac{7 \cdot (-3)}{(3 \cdot 14)} \cdot \frac{x^4}{x^3} \cdot \frac{y^{-2}}{y} = -\frac{1}{2} \cdot x \cdot y^{-2-1} = -\frac{1}{2}xy^{-3}$

Potenzen mit gleichen Exponenten, Seite 50

1

a) $a^n \cdot b^n = (a \cdot b)^n$

Beweis: $a^n \cdot b^n = \underbrace{a \cdot \ldots \cdot a}_{n\text{-mal}} \cdot \underbrace{b \cdot \ldots \cdot b}_{n\text{-mal}} = \underbrace{(a \cdot b) \cdot \ldots \cdot (a \cdot b)}_{n\text{-mal}} = (a \cdot b)^n$

b) $a^n : b^n = \frac{a^n}{b^n} = \left(\frac{a}{b}\right)^n$

Beweis: $\frac{a^n}{b^n} = \frac{\overbrace{a \cdot \ldots \cdot a}^{n\text{-mal}}}{\underbrace{b \cdot \ldots \cdot b}_{n\text{-mal}}} = \underbrace{\frac{a}{b} \cdot \ldots \cdot \frac{a}{b}}_{n\text{-mal}} = \left(\frac{a}{b}\right)^n$

2

a) 81

b) $5^3 = 125$

c) $(-3)^{-3} = -3^{-3} = -\frac{1}{3^3} = -\frac{1}{27}$

d) $\left(\frac{1}{2}\right)^{-5} = \frac{1}{2^{-5}} = 2^5 = 32$

e) $(-2)^6 = 64$

f) $(-3)^4 = 81$

3

a) n b) 1,3 c) 4 d) (−2)

e) 3k f) $\left(\frac{4}{5}\right)$ g) $\left(\frac{15}{8}\right)$ h) $\left(\frac{12}{1}\right) = 12$

4

a) richtig

b) falsch; richtig ist: 9^{x+2}

c) falsch; richtig ist: 3^z

d) richtig

e) falsch; richtig ist: 90^{-m}

f) falsch; richtig ist: $(4x)^{n-1} : x^{n-1} = 4^{n-1}$

5

a) Fläche der Maxi-Pizza: πr^2;

Fläche der Mini-Pizza: $\pi\left(\frac{r}{2}\right)^2 = \frac{1}{4} \cdot \pi r^2$

Preis für Mini-Pizza: $\frac{1}{4} \cdot 7{,}80\,€ = 1{,}95\,€$

Die Mini-Pizza müsste 1,95 € kosten. Dies ist ein Viertel des Preises einer Maxi-Pizza.

b) Filippo sollte seine Pizza noch etwas teurer verkaufen, denn ein Teil der Produktionskosten, wie z. B. Strom, Miete für den Stand, eventuelle Personalkosten etc., ist unabhängig von der Größe der Pizza.

Wurzeln, Seite 51

1

a) $x = 5\,m$

b) $0{,}027 = 0{,}3 \cdot 0{,}3 \cdot 0{,}3$; $x = 0{,}3\,dm$

c) $x = \sqrt[3]{100}\ ml = \sqrt[3]{100}\ cm^3 \approx 4{,}64\,cm$

d) $3375 = 15 \cdot 15 \cdot 15$; $x = 15\,mm$

Würfel mit irrationaler Kantenlänge x: c)

2

a) $\sqrt[3]{64} < \sqrt[3]{90} < \sqrt[3]{125}$

$\sqrt[3]{4^3} < \sqrt[3]{90} < \sqrt[3]{5^3}$

$4 < \sqrt[3]{90} < 5$

b) $\sqrt[3]{216} < \sqrt[3]{270} < \sqrt[3]{343}$

$\sqrt[3]{6^3} < \sqrt[3]{270} < \sqrt[3]{7^3}$

$6 < \sqrt[3]{270} < 7$

c) $\sqrt[3]{343} < \sqrt[3]{444} < \sqrt[3]{512}$

$\sqrt[3]{7^3} < \sqrt[3]{444} < \sqrt[3]{8^3}$

$7 < \sqrt[3]{444} < 8$

3

a)

x	5	6	8	1	4	7
x^3	125	216	512	1	64	343
$\sqrt[3]{x}$	1,71	1,82	2	1	1,59	1,91

b)

x	5	2	1,1	1	1024	3,21
x^5	3125	32	1,61051	1	$1{,}13 \cdot 10^{15}$	343
$\sqrt[5]{x}$	1,37973	1,15	1,02	1	4	1,26

4

a) $\sqrt[3]{1296} = \sqrt[3]{16 \cdot 81} = \sqrt[3]{2^4 \cdot 3^4} = 6 \cdot \sqrt[3]{6}$

b) $\sqrt[3]{100\,000} = \sqrt[3]{10^5} = 10 \cdot \sqrt[3]{100}$

c) $\sqrt[3]{0{,}0625} = \sqrt[3]{0{,}5^4} = 0{,}5 \cdot \sqrt[3]{0{,}5}$

d) $\sqrt[3]{27x^5} = \sqrt[3]{3^3x^5} = 3x \cdot \sqrt[3]{x^2}$

e) $\sqrt[4]{4802} = 7\sqrt[4]{2}$

f) $\sqrt[7]{256} = \sqrt[7]{2^8} = 2 \cdot \sqrt[7]{2}$

g) $\sqrt[11]{6144} = 2\sqrt[11]{3}$

5

a) Kantenlänge des Würfels: x

$x^3 = 7\,l = 7\,dm^3 = 7000\,cm^3$; $x = \sqrt[3]{7000}\,cm \approx 19{,}13\,cm$

b) $x = \sqrt[3]{35\,000}\,cm \approx 32{,}71\,cm$

c) $\sqrt[3]{5}$

6

$3 \cdot 3 \cdot 3 = 27$ Würfelteile

Kantenlänge Teilwürfel: $x = \frac{\sqrt[3]{190{,}11}}{27}\,cm = \frac{1}{3}\sqrt[3]{190{,}11}\,cm \approx 1{,}92\,cm$

Potenzen mit rationalen Exponenten, Seite 52

1

a) A: P5 B: D2 C: P1 D: D2 E: D1

b) $\left(10^{\frac{1}{4}}\right)^3 = \left(\sqrt[4]{10}\right)^3$

2

$3^{\frac{2}{3}} = \sqrt[3]{3^2} = \left(\sqrt[3]{3}\right)^2$

$\sqrt[3]{2^2} = 2^{\frac{2}{3}} = \left(\sqrt[3]{2}\right)^2$

$\sqrt[3]{3} = 3^{\frac{1}{3}}$

$\sqrt{3^3} = 3^{\frac{3}{2}} = \left(\sqrt{3}\right)^3$

3

a) Die linke Eingabe ist falsch.

b), d) und e) Beide Eingaben sind richtig.

c) Beide Eingaben sind falsch.

4

a) $6^2 = 36$

b) $81^{-\frac{1}{2}} = \frac{1}{\sqrt{81}} = \frac{1}{9}$

c) $7^{-1} = \frac{1}{7}$

d) $15^{\frac{3}{5}} = \left(\sqrt[5]{15}\right)^3$

e) $a^{-\frac{1}{8}} = \frac{1}{\sqrt[8]{a}}$

f) $b^{-\frac{7}{6}} = \left(\sqrt[6]{b}\right)^{-7}$

5

a) $4^{\frac{1}{3}} \cdot 2^{\frac{1}{3}} = 8^{\frac{1}{3}} = 2$

b) $3^{\frac{1}{3}} : 3^{\frac{1}{2}} = 3^{\frac{1}{3} - \frac{1}{2}} = 3^{-\frac{1}{6}}$

c) $x^{\frac{3}{10}} : x^{\frac{1}{5}} = x^{\frac{3}{10} - \frac{1}{5}} = x^{\frac{1}{10}}$

d) $y^{\frac{1}{4}} \cdot y^{\frac{2}{3}} = y^{\frac{3}{12} + \frac{8}{12}} = y^{\frac{11}{12}}$

6

a) $\sqrt[3]{3^4} : 3 = \sqrt[3]{3}$

b) $\sqrt[4]{4^3} \cdot 4 = \left(\sqrt[4]{4}\right)^7$

c) $\sqrt[3]{9} \cdot 4^{\frac{2}{3}} = \sqrt[3]{12^2}$

d) $\sqrt[4]{3^3} \cdot 3 = \left(\sqrt[4]{3}\right)^7$

Potenzen | Merkzettel, Seite 53

Text: Ziffer; Komma; Zehnerpotenz
Beispiele: $2{,}0456 \cdot 10^4$; $5{,}807 \cdot 10^{-3}$; $3{,}9102 \cdot 10^2$; $6{,}1 \cdot 10^{-7}$

Text: n

Beispiele: 1; $4 \cdot 4 \cdot 4 = 64$; $\frac{1}{3^2} = \frac{1}{9}$; $\frac{1}{(-5)^3} = \frac{-1}{125}$

Text: potenziert
Beispiele: $\sqrt[4]{81} = 3$; $\sqrt[3]{64} = 4$

Text: natürliche

Beispiele: $\left(\sqrt[3]{27}\right)^4 = 3^4 = 81$; $\frac{1}{16^{\frac{3}{4}}} = \frac{1}{\left(\sqrt[4]{16}\right)^3} = \frac{1}{2^3} = \frac{1}{8}$

Text: addiert; subtrahiert; Basis; multipliziert; dividiert; multipliziert

Beispiele: a^8; $b^{\frac{3}{7}}$; c^2; d^{-4}; $15^{\frac{2}{5}}$; 4^4; 5^p; x^8; $y^{\frac{1}{12}} = y^{\frac{1}{6}}$

Potenzfunktionen mit ganzzahligen Exponenten, Seite 54

1

a) siehe Tabelle 1, S. 21

b)

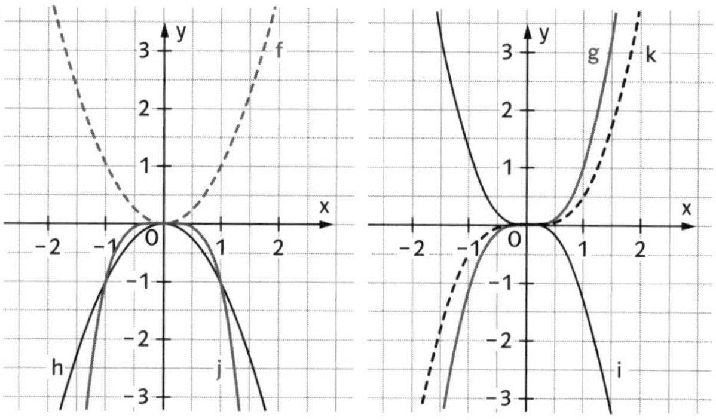

2

a) $f(x) = x^2$ b) $f(x) = x^4$ c) $f(x) = -x^2$ d) $f(x) = -x^6$
e) $f(x) = -x^3$ f) $f(x) = -x^7$ g) $f(x) = x^5$ h) $f(x) = x^3$

3

f(x): P, S, T g(x): P, T h(x): P, T i(x): P, R, S

4

	x	$0{,}25x^4$	$0{,}5x^2$	x^3
a)	1	0,25	0,5	1
b)	2	4	2	8
c)	0	0	0	0
d)	4	64	8	64
e)	1,5	1,265 625	1,125	3,375

Potenzfunktionen mit ganzzahligen Exponenten, Seite 55

1

a) siehe Tabelle 2, S. 21

b)

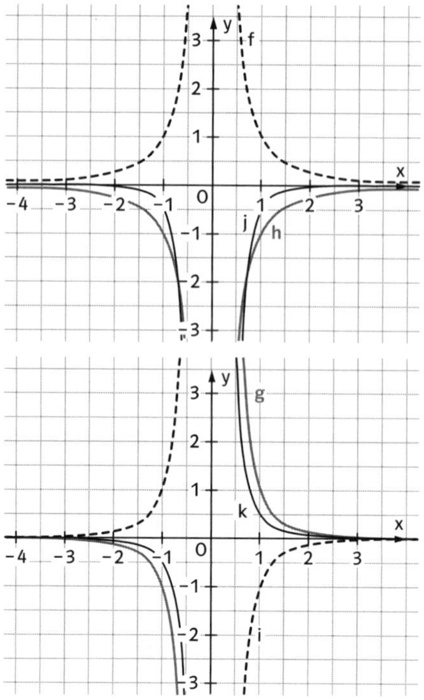

2

Zu f(x) gehört 1 und 4.
Zu g(x) gehört keine der Eigenschaften.
Zu h(x) gehört 2.
Zu i(x) gehört 4.
Zu j(x) gehört 1.

3

a)

x	$\frac{1}{3}x^2$	$-3x^{-1}$
1	$\frac{1}{3}$	-3
2	$\frac{4}{3} = 1\frac{1}{3}$	$-\frac{3}{2}$
3	3	-1
4	$\frac{16}{3} = 5\frac{1}{3}$	$-\frac{3}{4}$

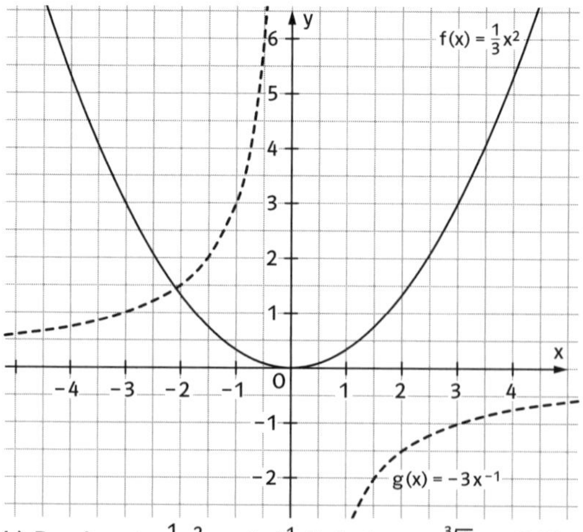

b) Der Ansatz $\frac{1}{3}x^2 = -3x^{-1}$ liefert $x = -\sqrt[3]{9} \approx -2{,}08$.
Einsetzen in $y = \frac{1}{3}x^2$ liefert $y \approx 1{,}44$; $S(-2{,}08 \mid 1{,}44)$.

Wurzelfunktionen, Seite 56

1

	Parabel		Wurzel		
	x	y	x	y	
A	2	4	4	2	A′
B	3	9	9	3	B′
C	0	0	0	0	C′
D	1	1	1	1	D′
E	1,5	2,25	2,25	1,5	E′
F	2,5	6,25	6,25	2,5	F′
G	a	b	b	a	G′

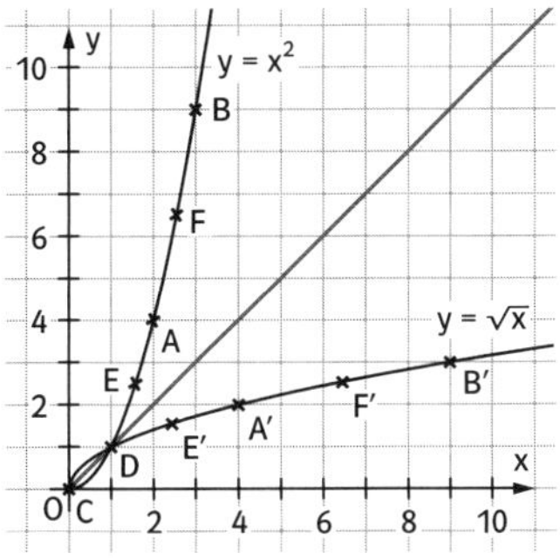

Spiegelt man P(a | b) an der Winkelhalbierenden, so erhält man P′(b | a).

2

a)

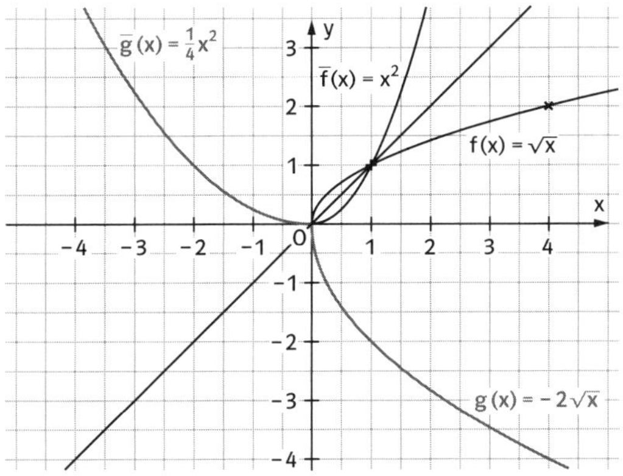

b) $D_f = \{x \in \mathbb{R} \mid x \geqq 0\}$
$f: x \to \sqrt{x}\ (x \geqq 0)$
$x = \sqrt{y}$
$y = x^2$
$\bar{f}: x \to x^2\ (x \geqq 0)$

$D_g = \{x \in \mathbb{R} \mid x \geqq 0\}$
$g: x \to -2\sqrt{x}\ (x \geqq 0)$
$x = -2\sqrt{y}$
$\sqrt{y} = -\frac{x}{2}$; $\quad y = \frac{1}{4}x^2$
$\bar{g}: x \to \frac{1}{4}x^2\ (x \leqq 0)$

3

a) d: $x \to x^1$ c: $x \to x^{1,5}$ b: $x \to x^2$
e: $x \to x^{0,5}$ a: $x \to 4^4$ f: $x \to x^{0,25}$
b) e; f
c) c; d

Potenzgleichungen, Seite 57

1

a) $f(x) = x^{0,5}$
b)

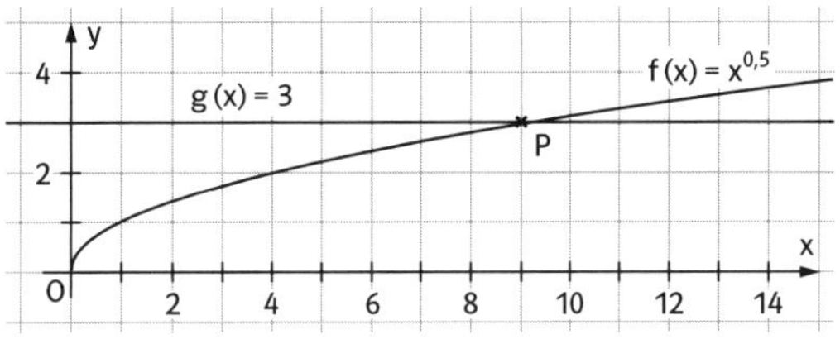

c) P (9 | 3)

2

a) (1) hat zwei Lösungen: $x_{1,2} = \pm\sqrt{2} \approx \pm 1{,}41$ bzw. $x_{1,2} = \pm\sqrt[4]{4} \approx \pm 1{,}41$.
Schnittpunkte: $S_1(\sqrt{2} \mid 2)$ und $S_2(-\sqrt{2} \mid 2)$
(2) hat die Lösungen $x_{1,2} = \sqrt[3]{-0{,}5} \approx -0{,}79$.
Schnittpunkt: $S_3(\sqrt[3]{-0{,}5} \mid -1)$ bzw. $S_3(-0{,}79 \mid -1)$
b)

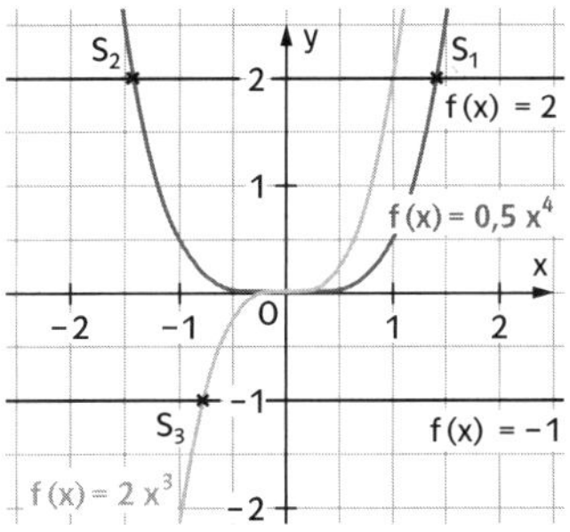

f: $x \to x^n$	n ist gerade	n ist ungerade
Definition	$\mathbb{R}$	$\mathbb{R}$
Grenzen/Asymptoten	Je größer x wird, desto größer wird x^n.	Je größer x wird, desto größer wird x^n.
Symmetrie	achsensymmetrisch zur y-Achse	punktsymmetrisch zum Ursprung
gemeinsame Punkte	(−1 | 1); (0 | 0); (1 | 1)	(−1 | −1); (0 | 0); (1 | 1)

Tabelle 1

f: $x \to x^{-n}$	n gerade	n ungerade
Definitionsmenge	$\mathbb{R} \setminus \{0\}$	$\mathbb{R} \setminus \{0\}$
Grenzen/Asymptoten	Je kleiner $\lvert x \rvert$ wird, desto größer wird $\lvert x^n \rvert$ mit $x^n > 0$. Je größer $\lvert x \rvert$ wird, desto kleiner wird $\lvert x^{-n} \rvert$.	Je kleiner x wird, desto größer wird $\lvert x^n \rvert$, für $x < 0$ ist $x^{-n} < 0$, für $x > 0$ ist $x^{-n} > 0$. Je größer $\lvert x \rvert$ wird, desto kleiner wird $\lvert x^{-n} \rvert$.
Symmetrie	achsensymmetrisch zur y-Achse	punktsymmetrisch zum Ursprung
gemeinsame Punkte	(−1 | 1); (1 | 1)	(−1 | −1); (1 | 1)

Tabelle 2

3

$(3x+2)^5 - 32 = 0 \quad |+32$

$(3x+2)^5 = 32 \quad |\sqrt[5]{\ }$

$3x + 2 = 2 \quad |-2$

$3x = 0 \quad |:3$

$x = 0$ ist einzige Nullstelle.

4

a) $\sqrt[4]{x-5} = 3$

$(x-5)^{\frac{1}{4}} = 81 \quad |(\ )^4$

$x - 5 = 81 \quad |+5$

$x = 86$

$L = \{86\}$

b) $3 + \sqrt[3]{x^4} = 9 \quad |-3$

$\sqrt[3]{x^4} = 6$

$x^{\frac{4}{3}} = 6 \quad |(\ )^{\frac{3}{4}}$

$x = 6^{\frac{3}{4}}$

$x = \sqrt[4]{6^3} = \sqrt[4]{216} \approx 3{,}83$

$L = \{3{,}83\}$

5

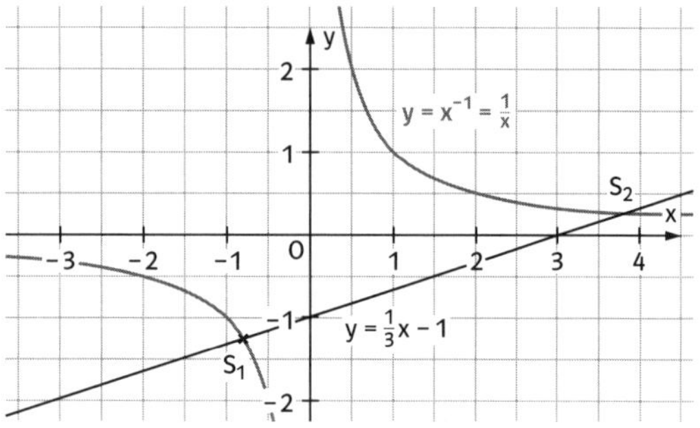

$x^{-1} = \frac{1}{3}x - 1 \quad (x \neq 0) \quad |\cdot 3x$

$3 = x^2 - 3x \quad |-3$

$0 = x^2 - 3x - 3 \quad |$ pq-Formel

$x_{1,2} = \frac{3}{2} \pm \sqrt{\frac{9}{4} + 3}$

$x_1 \approx -0{,}79; \quad x_2 \approx 3{,}79$

$S_1(-0{,}79\,|\,-1{,}26); \quad S_2(3{,}79\,|\,0{,}26)$

6

a), d) und e) haben keine Lösung.

b)

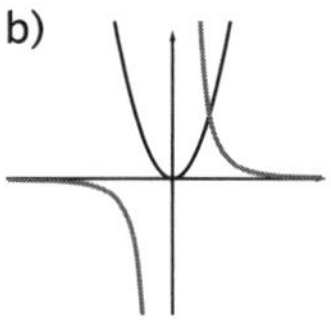

c)

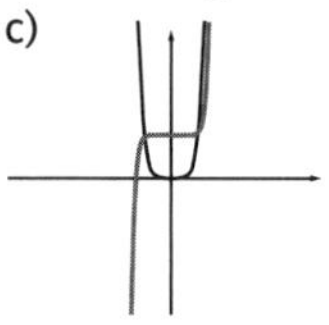

f)

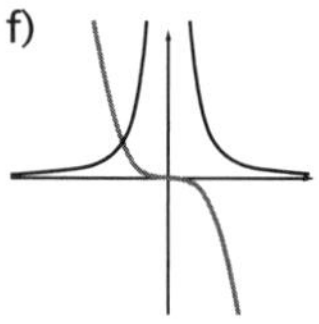

Exponentialgleichungen und Logarithmen (1), Seite 58

1

Die Teilaufgaben d), f) und g) sind Exponentialgleichungen.

a) $x = 5$	b) $x = 9$	c) $x = 6$	d) $x = 0{,}5$
e) $x = 100$	f) $x = 4$	g) $x = 10$	h) $x = 2{,}5$
i) $x = 1{,}69$	j) $x = \pm\sqrt[6]{18{,}2} \approx \pm 1{,}62$		

2

b) $2^{5x} = 2^1;\ x = \frac{1}{5} = 0{,}2$ c) $5^{3x} = 5^{-1};\ x = -\frac{1}{3}$

d) $6^3 = 6^x;\ x = 3$

3

a) $5^x = (4\cdot 5)^x;\ 4^x = 1;\ x = 0$ b) $25^x = \frac{1}{25};\ 25^x = 25^{-1};\ x = -1$

c) $(2\cdot 6)^x = 6^x \cdot 2^x;\ (2\cdot 6)^x = (6\cdot 2)^x;\ x \in \mathbb{R}$

d) $\left(\frac{4}{3}\right)^x = \left(\frac{3}{4}\right)^x;\ \left(\frac{3}{4}\right)^{-x} = \left(\frac{3}{4}\right)^x;\ -x = x;\ x = 0$

4

a) $3 < x < 4$ b) $3 < x < 4$ c) $5 < x < 6$

d) $4 < x < 5$

5

In Lisas Rechnung werden die Zinsen nicht mitverzinst, sondern abgehoben oder ausgezahlt:

11 000 € + 5 · 11 000 € · 0,0325 = 12 787,50 €

Felix hingegen hat recht: 11 000 € · $1{,}0325^5 \approx$ 12 907,53 €

Und auch Julia hat recht: 11 000 € · $1{,}0325^{22} \approx$ 22 231,77 €

Exponentialgleichungen und Logarithmen (2), Seite 59

1

a) $f(x) = 1{,}5^x$

b)

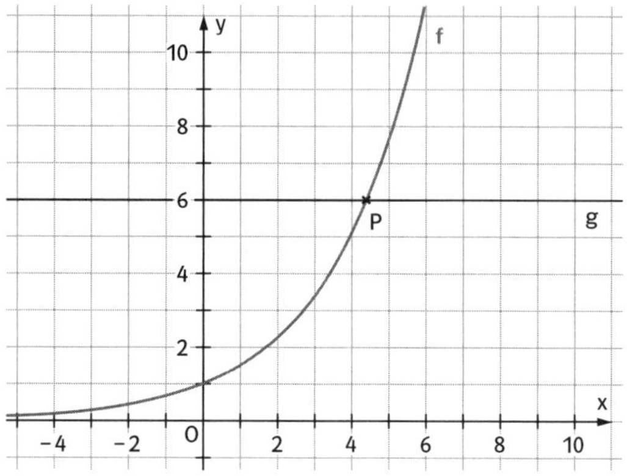

c) $P(4{,}4\,|\,6)$

2

a)

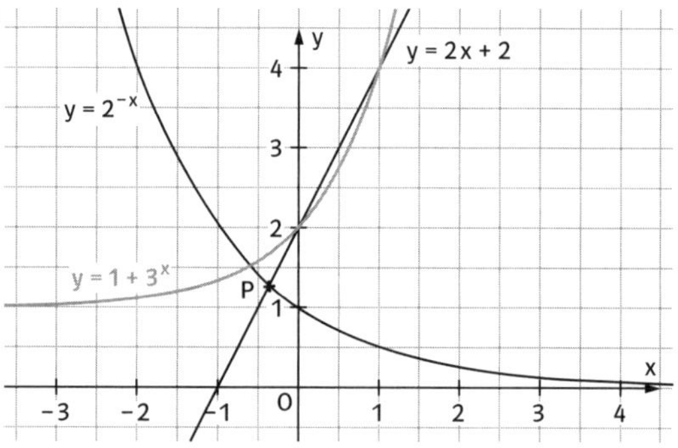

$P(-0{,}36\,|\,1{,}28)$

Probe:

linke Seite: $2^{-(-0{,}36)} \approx 1{,}28$; rechte Seite: $2\cdot(-0{,}36) + 2 = 1{,}28$

b) $x \approx -0{,}60;\ y \approx 1{,}52$

3

b) $2^x = \frac{4}{3}$

$x = \log_2\left(\frac{4}{3}\right)$

$x \approx 0{,}42$

c) $\frac{1{,}44^x}{1{,}3^x} = 1{,}3$

$x = \log_{\frac{1{,}44}{1{,}3}}(1{,}3)$

$x \approx 2{,}57$

d) $\frac{25^x}{3^x} = \frac{4}{6}$

$x = \log_{\frac{25}{3}}\left(\frac{2}{3}\right)$

$x \approx -0{,}19$

4

a) $b = 7$ b) $b = \sqrt[3]{625} \approx 8{,}55$

c) $x = 81$ d) $x = 0{,}0001$

Potenzfunktionen | Merkzettel, Seite 60

Text: Grades; Parabel; Hyperbel; gerade; punktsymmetrisch
Beispiele: g: $x \to x^2$; f: $x \to 0{,}5x^2$; h: $x \to 2x^2$
g: $x \to x^{-8}$; f: $x \to 2 \cdot x^{-3}$; h: $x \to (-2) \cdot x^3$ i: $x \to 0{,}2 \cdot x^7$
achsensymmetrisch: g
punktsymmetrisch: f; h; i

Text: Winkelhalbierenden
Beispiele: a) $\bar{f}$: $y = \sqrt[5]{\frac{x}{0{,}2}}$ b) $\bar{g}$: $y = \frac{x-5}{2}$

Beispiele: $a = 0{,}1$; $\left(\frac{x}{a}\right)^{\frac{1}{2}} = \sqrt{\frac{x}{a}}$

Beispiele:

Gleichung	Lösungsgleichung	Lösung	Probe
$x^6 = 64$	$x = \pm\sqrt[6]{64}$	$L = \{-2;\ 2\}$	$2^6 = 64$ $(-2)^6 = 64$
$x^3 = 0$	$x = \sqrt[3]{0}$	$L = \{0\}$	$0^3 = 0$

Beispiele: 16, denn $2^{16} = 65\,236$

Üben und Wiederholen | Training 3, Seite 61

1
$\frac{7}{6}$; $\frac{180}{95}$; $1{,}\overline{01}$; $\sqrt{2}$; $\sqrt{3}$; $1{,}\overline{9}$; $\sqrt{3{,}9}$

2
a) $15 \cdot \sqrt{5} + 12 \cdot \sqrt{5} = 27 \cdot \sqrt{5} \approx 60{,}37$
b) $7 \cdot \sqrt{3} - 7 \cdot \sqrt{7} = 7 \cdot \left(\sqrt{3} - \sqrt{7}\right) \approx -6{,}40$

3
a) $x = \sqrt{5} \approx 2{,}24$
$x = -\sqrt{5} \approx -2{,}24$
b) $x = \sqrt{200} \approx 14{,}14$
$x = -\sqrt{200} \approx -14{,}14$
c) $x = 21$
$x = -21$
d) Keine Lösungen möglich.

4
a) 35 b) 39

5
a) $\frac{11 \cdot \sqrt{7}}{\sqrt{7} \cdot \sqrt{7}} = \frac{11}{7} \cdot \sqrt{7}$ b) $\sqrt{7}$

6
$x = 8\,m$; $A = 80\,m^2 + \frac{1}{2} \cdot 15\,m \cdot 8\,m = 140\,m^2$

7
$h = 8\,cm$; $s \approx 8{,}25\,cm$

8
Fläche des Dreiecks:
$A = \frac{1}{2}b \cdot h = \frac{b}{2} \cdot h = 6\,cm^2$
Gesucht: Quadrat mit Seitenlänge a, sodass
$a^2 = \frac{b}{2} \cdot h = 6\,cm^2$
I Seitenlängen 2 cm und 3 cm
II h wird Hypotenusenabschnitt
IV Thaleskreis über $\overline{AB}$
V Mithilfe des Höhensatzes findet man a mit
$a^2 = h \cdot \frac{b}{2}$

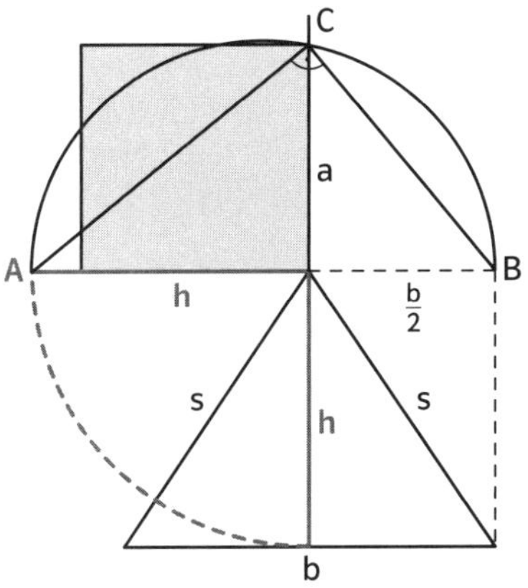

Üben und Wiederholen | Training 3, Seite 62

9
Das ursprüngliche Trapez hat den Flächeninhalt $4\,cm^2$; das verkleinerte Bild den Flächeninhalt $1\,cm^2$.

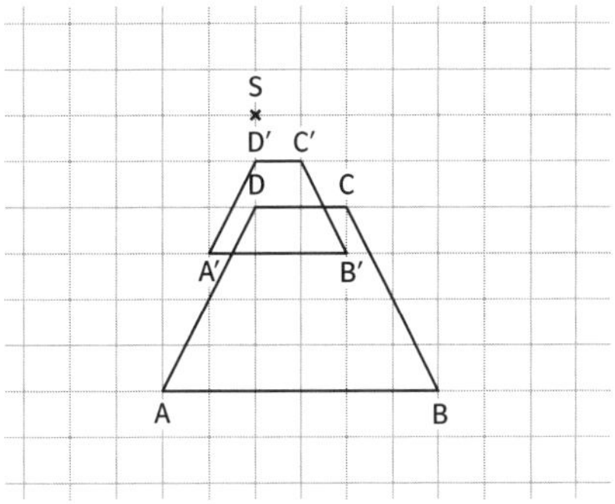

10
Aufgrund der Strahlensätze gilt:
$\frac{y}{30} = \frac{50}{40}$; daraus folgt $y = 37{,}5\,m$ und
$\frac{x}{50} = \frac{10}{40}$; daraus folgt $x = 12{,}5\,m$.

11
siehe Figur 1 und Tabelle 1, S. 24

12
b) $y = (x + 7)^2 - 49$ c) $y = 2(x - 1)^2 + 20$
d) $y = -\frac{1}{2}\left(x + \frac{1}{4}\right)^2 + \frac{1}{32}$

13
a) $p = -2$; $q = 1$
$x_{1,2} = 1 \pm \sqrt{1 - 1} = 1$
$x_1 = 1$ (ist die einzige Lösung)
b) $z^2 + 8z + 15 = 0$
$p = 8$; $q = 15$
$z_{1,2} = -4 \pm \sqrt{16 - 15} = -4 \pm 1$
$z_1 = -5$; $z_2 = -3$
c) $-2x^2 - 7x + 4 = 0$
$x^2 + 3{,}5x - 2$
$p = 3{,}5$; $q = -2$
$x_{1,2} = -1{,}75 \pm \sqrt{3{,}0625 + 2}$
$x_1 = -4$ und $x_2 = 0{,}5$

Üben und Wiederholen | Training 3, Seite 63

14

	Übersetzung der Einheit	wissenschaftliche Schreibweise	Dezimalschreibweise
a)	Nanometer	$350 \cdot 10^{-9}\,m$	0,000 000 350 m
b)	Millimeter	$0{,}12 \cdot 10^{-3}\,m$	0,000 12 m
c)	Hektopascal	$350 \cdot 10^2\,Pa$	35 000 Pa
d)	Megawatt	$18\,200 \cdot 10^6$	18 200 000 000 W

15
a) $a^2 \cdot a^{-3} = a^{-1}$ b) $(b^5)^2 = b^{10}$ c) $\frac{c^4}{c^{-2}}$
d) $(d^{-2})^3$ e) $r^8 \cdot r^{-3} = r^5$ f) $s^{-2} : s^5 = s^{-7}$

16

$7^{-\frac{4}{5}} = \sqrt[5]{7^{-4}} = \sqrt[5]{\left(\frac{1}{7^4}\right)}$ $\quad 7^{0,8} = 7^{\frac{4}{5}} = \sqrt[5]{7^4} = \left(\sqrt[5]{7}\right)^4$

$-7^{\frac{4}{5}} = -\sqrt[5]{7^4}$ $\quad 7^{-\frac{5}{4}} = \sqrt[4]{7^{-5}} = \sqrt[4]{\frac{1}{7^5}}$

17

Potenzfunktionen sind a: $x \longrightarrow 5x^4$, c: $x \longrightarrow \sqrt{2}\,x^{\sqrt{4}}$ und d: $x \longrightarrow x^3 \cdot \sqrt{x} = x^{3,5}$

18

$P(0,5\,|\,4)$ und $Q\left(4\,\middle|\,\frac{1}{1024}\right)$

19

a) $L = \{0\}$ b) $L = \left\{\frac{4}{3}; -\frac{2}{3}\right\}$ c) $L = \left\{\frac{1}{2}\right\}$

d) $L = \{-\sqrt[4]{125}\,; \sqrt[4]{125}\,\}$

20

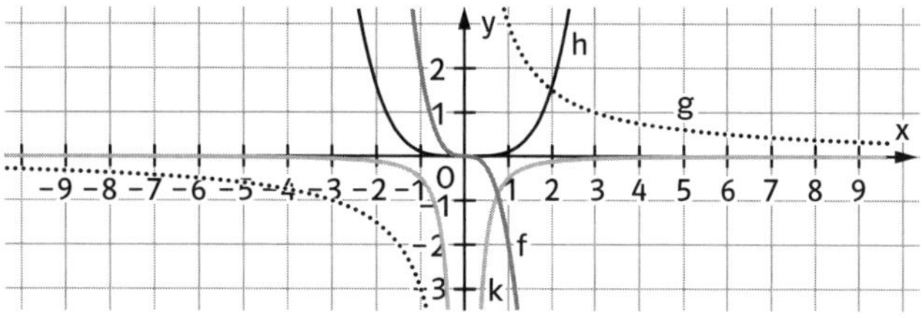

21

a) $x = 7$ b) $x = -3$ c) $x = -4$

d) $x = 0,5$

22

a) $4^{\frac{3}{2}} = 8$ b) $36^{-0,5} = \frac{1}{6}$ c) $\left(\frac{1}{64}\right)^{\frac{1}{2}} = \frac{1}{8} = 0,125$

d) $8^{\frac{2}{3}} = 4$

23

a) x b) $y^{-\frac{1}{8}} = \frac{1}{\sqrt[8]{y}}$ c) 6^z d) $r^{2,3}$ e) s^{13} f) 2

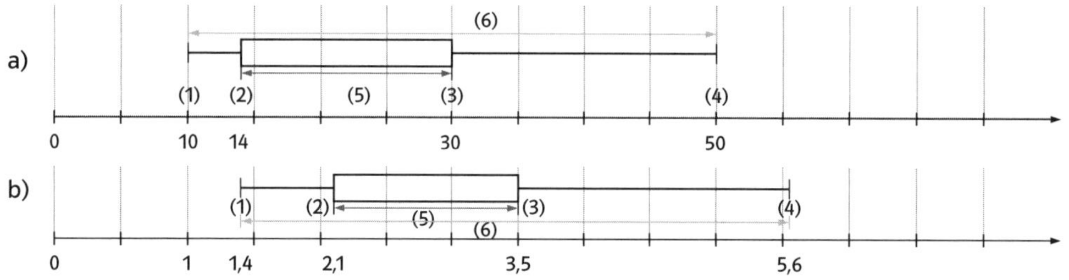

Fig. 1

	(1) Minimum	(2) unteres Quartil	(3) oberes Quartil	(4) Maximum	(5) Quartilabstand	(6) Spannweite
a)	10	14	30	50	16	40
b)	1,4	2,1	3,5	5,6	1,4	4,2

Tab. 1

Beilage zum Arbeitsheft Lambacher 9

ISBN: 978-3-12-734894-1
ISBN: 978-3-12-734895-8

Zeichnungen/Illustrationen: druckmedienzentrum GmbH, Gotha; media office gmbh, Kornwestheim; Dorothee Wolters, Köln; Annette Liese, Dortmund
DTP/Satz: media office gmbh, Kornwestheim

Lagemaße (2)

1 In der Klasse 9c haben die Schülerinnen und Schüler ihre Körpergrößen gemessen:

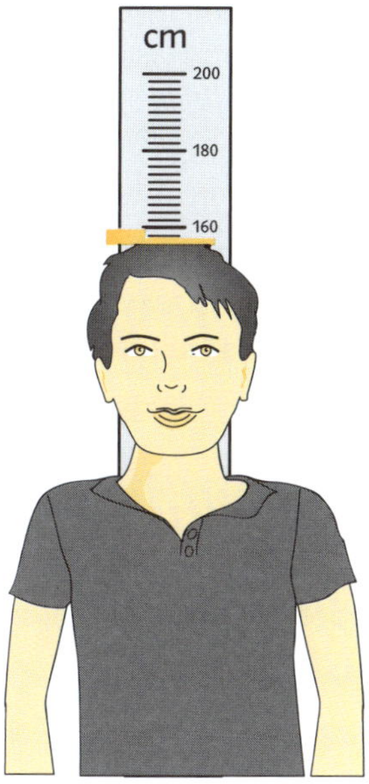

157 cm 142 cm 150 cm 170 cm 160 cm 162 cm 168 cm
169 cm 157 cm 160 cm 169 cm 157 cm 160 cm 175 cm 150 cm
155 cm 149 cm 158 cm 161 cm 156 cm 160 cm 159 cm

a) Erstelle aus den Werten eine geordnete Liste, indem du die Werte aufsteigend ordnest.

____

____

____

____

b) Der kleinste Wert (Minimum) lautet: ______ cm, der größte Wert (Maximum) ist ______ cm,

damit beträgt die Spannweite ______ cm.

c) Der Zentralwert der Daten ist ________ cm.

d) Es sind ______ Schülerinnen und Schüler in der Klasse, das arithmetische Mittel ist __________ cm.

(Benutze für diese Rechnung den Taschenrechner.)

e) ______ Daten liegen unterhalb des Mittelwerts, ______ liegen oberhalb des Mittelwerts.

2 Der Durchschnitt der Zahlen ist angegeben.
a) Leider ist eine Zahl verloren gegangen. Wie muss sie heißen?
b) Ordne die Zahlen der Größe nach und trage sie in die dritte Spalte ein.
c) Markiere Minimum und Maximum der Liste mit einem Quadrat, bestimme die Spannweite und den Median.

Durchschnitt	Liste	geordnete Liste	Spannweite	Median
19	9; 27; 10; 25;			
19	14; 34; 16; 18; 32;			
17	9; 28; 17; 27; 12; 15;			
17	22,6; 21,9; 22,4; 19,3; 17,9; 11,2;			

3 Bei einem Sportfest erzielt Hasan beim Kugelstoßen die aufgelisteten Werte.

Wurf	1	2	3	4	5
Wurfweite in m	7,65	6,50	7,50	6,90	7,70
Ranglistenplatz					

a) Minimum: ________ m, Maximum: ________ m, Spannweite: ________ m

Zentralwert: ________ m, arithmetisches Mittel: ________ m

b) Wie weit hätte Hasan bei seinem vierten Wurf werfen müssen, um eine durchschnittliche Wurfweite von 7,30 m zu erzielen? ________ m

1 Bei einer Untersuchung wurden Mädchen und Jungen befragt: „Wie viele Stunden pro Woche treibst du Sport?“ Unten siehst du die ermittelten Ranglisten.

Mädchen	0	0	1	1	1	2	2	2	3	3	3	3	3	4	4	4	5	5	5	7	9	
Jungen	0	0	1	1	2	3	3	3	3	4	4	5	5	5	6	6	6	7	7	9	10	12

a) Insgesamt wurden ____ Mädchen und _____ Jungen befragt.
b) Teile die beiden Ranglisten farbig in Quartile ein. Ergänze dann die folgende Tabelle.

	Minimum	unteres Quartil	Zentralwert	oberes Quartil	Maximum
Mädchen					
Jungen					

c) Stelle jeweils den Boxplot für die Mädchen und die Jungen dar.

Mädchen

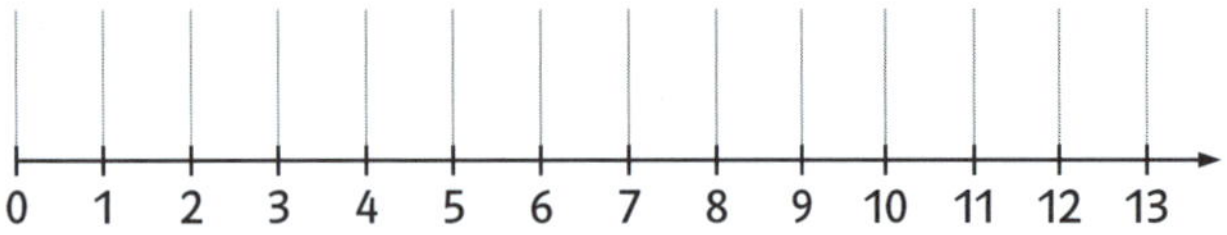

Jungen

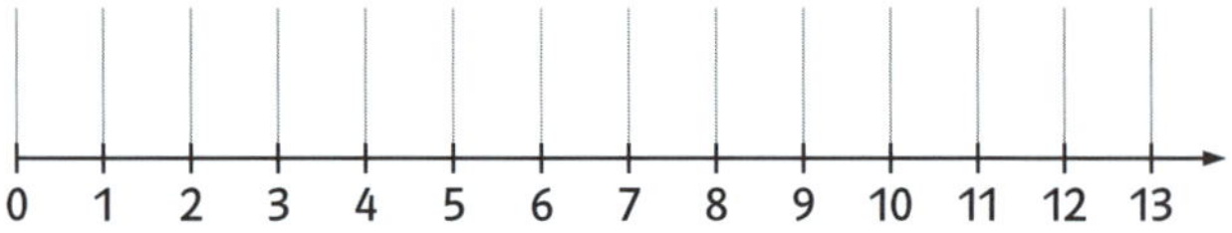

2 Peter hat sich notiert, wie viele Kilometer er im Monat mit dem Rad unterwegs war.

Monat	1	2	3	4	5	6	7	8	9	10	11	12	Summe
Kilometer	60	100	80	180	220	260	280	240	300	120	80	80	

a) Berechne die Summe. Umkreise Minimum und Maximum.

Statt Viertel wird oft der Begriff Quartil verwendet.

b) Die Kilometerangaben belegen in der Rangliste die Plätze 1 bis ________.
Zur Berechnung des unteren Quartils multipliziert man ________ mit $\frac{1}{4}$ und erhält _______. Deshalb muss man den Mittelwert aus Rangplatz 3 und 4 bilden: ________.

c) Bei der Bestimmung des Zentralwerts multipliziert man ________ mit $\frac{2}{4}$ $\left(= \frac{1}{2}\right)$ und erhält _______.
Der zu bildende Mittelwert ist __________________.

d) Das obere Quartil erhält man, indem man ________ mit $\frac{3}{4}$ multipliziert: _______. Hier lautet der gesuchte Wert __________________.

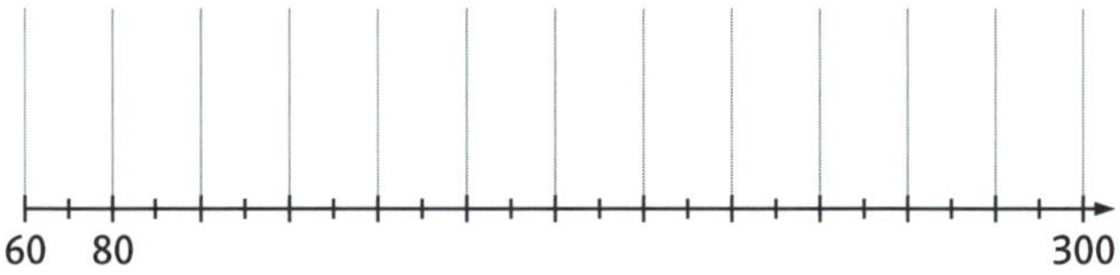

e) Zeichne den Boxplot und markiere die Spannweite der Daten.

3 Für die automatische Verpackung von Druckerpapier testet eine Firma zwei Maschinen. Beide Maschinen sollen 500 Blatt pro Paket verpacken. Stelle das Testergebnis in zwei Boxplots dar. Welche Maschine sollte gekauft werden? Begründe.

Blätter pro Paket	494	495	496	497	498	499	500	501	502	503	504	505	506
Anzahl Pakete Maschine A	19	33	50	29	16	14	15	11	3	3	3	2	2
Anzahl Pakete Maschine B	2	5	7	11	13	36	55	33	15	11	6	4	2

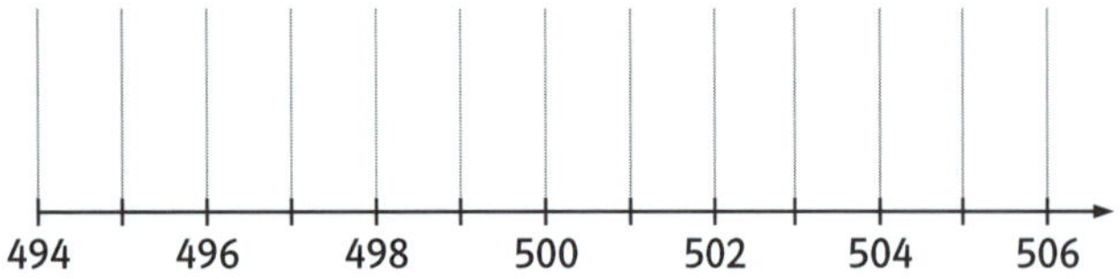

Fülle die Lücken. Für jeden Buchstaben findest du einen Strich. Löse dann die Beispielaufgaben.

Stichproben

Bei statistischen Erhebungen werden Daten gesammelt. Dabei ist die Stichprobe ein Teil der Gesamtheit der Daten. Ist die Verteilung in dieser Stichprobe _ _ _ _ _ _ _ _ _ _ gleich der Gesamtheit, so nennt man die Stichprobe

_ _ _ _ _ _ _ _ _ _ _ _ _ _ .

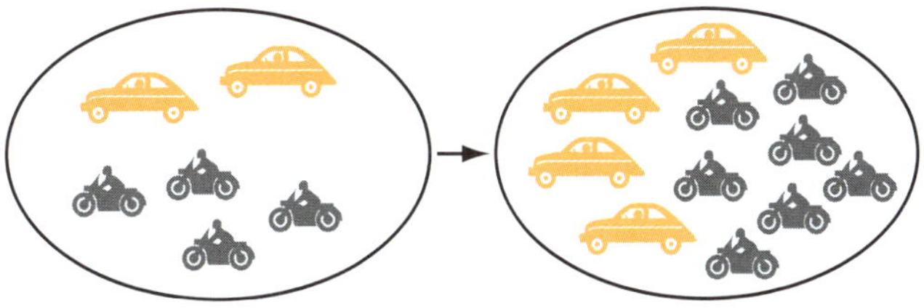

Stichprobe Gesamtheit

Ordnen von Daten

Handelt es sich bei den Daten um Zahlen, so kann man sie mit einer _ _ _ _ _ _ _ skala ordnen. Lässt sich keine Reihenfolge angeben, so muss man eine _ _ _ _ _ _ _ skala verwenden.

- Merkmal: 21, 13, 4, 11

Ordinalskala: ____________________

- Merkmal: Piet, Anna, Jan, Bea

Nominalskala (alphabetisch sortiert):

____

Lagemaße von Daten

Den häufigsten Wert nennt man _ _ _ _ _ wert, der kleinste Wert ist das Minimum, der größte Wert das Maximum; der Abstand beider Werte ist die

_ _ _ _ _ _ _ _ _ _. Der Durchschnitt wird auch

_ _ _ _ _ _ _ _ _ _ _ _ _ _ Mittel genannt. Man erhält ihn, indem man alle Werte addiert und das Ergebnis durch die Anzahl der Werte dividiert. Der Wert in der Mitte der Rangliste ist der

_ _ _ _ _ _ _ _ _ _ _ (Median). Bei einer geraden Anzahl von Werten ist dies der Mittelwert der beiden mittleren Listenwerte.

- Rangliste: 9, 12, 12, 14, 16, 20, 23, 24

Modalwert: ____________

Zentralwert: ____________

Trage die Werte in den Zahlenstrahl ein und verbinde die passenden Kärtchen mit den Zahlen des Zahlenstrahls.

Minimum | Median | arithmetisches Mittel | Maximum

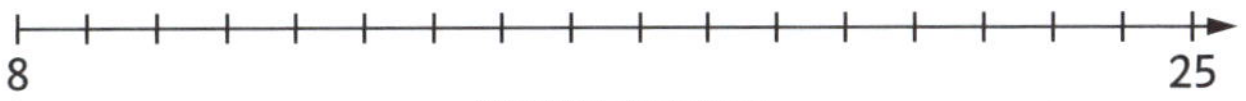

Spannweite

Markiere die Spannweite.

Boxplots

Zunächst bestimmt man bei den geordneten Daten das Maximum und das Minimum. Der Median der unteren Hälfte, der Zentralwert und der Median der oberen Hälfte teilen die Liste der Daten in _ _ _ _ Bereiche auf, in denen sich fast gleich viele Werte befinden.

Der Boxplot zeigt die Verteilung der Daten. In der Box liegt etwa die Hälfte der Daten, im Bereich der Antennen liegen oben und unten jeweils etwa ein Viertel der Daten.

- Ordne die Fachbegriffe den richtigen Stellen zu.

Minimum | Zentralwert | Median der oberen Hälfte | Median der unteren Hälfte | Maximum

Boxplot zur Rangliste

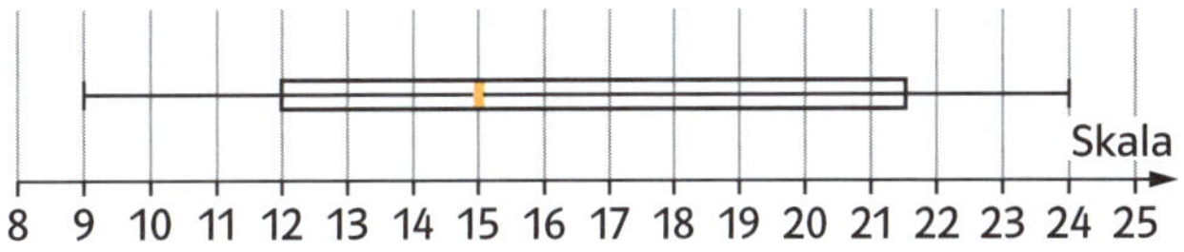

Antenne | Box | Antenne

1 Zeichne den Graphen der Funktion in das Koordinatensystem.

a) $y = x^2$ b) $y = 2x^2$
c) $y = \frac{1}{4}x^2$ d) $y = -2x^2$

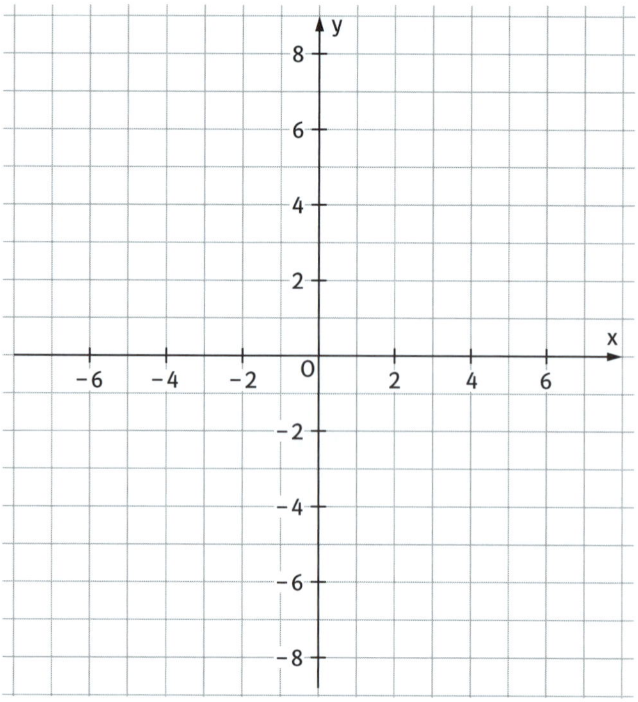

2 Vergleiche die Graphen aus Aufgabe 1.

Im Vergleich zur Normalparabel a) sind bei b) alle Funktionswerte ______________ so groß, bei c) sind sie um den Faktor ______________ kleiner.

Die beiden Parabeln b) und d) haben die gleiche Form und den gleichen ______________________ .

Die Funktionsgleichungen sind fast gleich.

Die Parabel d) ist nach ______________ geöffnet.

Ihre Funktionsgleichung unterscheidet sich von b) nur im ______________________ .

3 Gib die zugehörige Funktionsgleichung an.

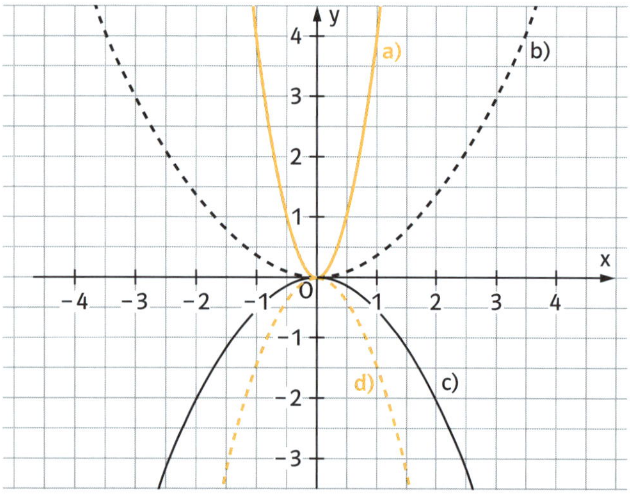

a) y = ______________

b) y = ______________

c) y = ______________

d) y = ______________

4 Die Punkte liegen auf der Parabel mit der Funktionsgleichung $y = \frac{4}{3}x^2$. Bestimme die fehlenden Koordinaten.

P(−6 | ______) Q(______ | $21\frac{1}{3}$) R(0,5 | ______)

S(______ | 108) T(−2,5 | ______) U(______ | 300)

5 Kreise die Punkte ein, die auf der Parabel liegen.

a) $y = 1{,}5x^2$

A(2 | 6) B(4 | 20) C(−3 | 13,5) D$\left(\frac{2}{3} \middle| \frac{2}{3}\right)$

b) $y = -4x^2$

A(11 | −484) B($\sqrt{5}$ | −20) C(0,5 | $-\sqrt{2}$) D$\left(-\frac{1}{4} \middle| \frac{1}{4}\right)$

6 Die Parabel einer rein quadratischen Funktion verläuft durch den angegebenen Punkt. Gib die zugehörige Funktionsgleichung an.

a) P(−1 | −4); y = ______________ b) Q(1 | 5,5); y = ______________

c) R(3 | 18); y = ______________ d) S(−2 | 10); y = ______________

Rein quadratische Funktionen werden auch spezielle quadratische Funktionen genannt.

Allgemeine quadratische Funktionen

1 Lies die Koordinaten des Scheitels ab und gib die Funktionsgleichung des Graphen an.

a) S(_____ | _____) y = ________________

b) S(_____ | _____) y = ________________

c) S(_____ | _____) y = ________________

d) S(_____ | _____) y = ________________

e) S(_____ | _____) y = ________________

f) S(_____ | _____) y = ________________

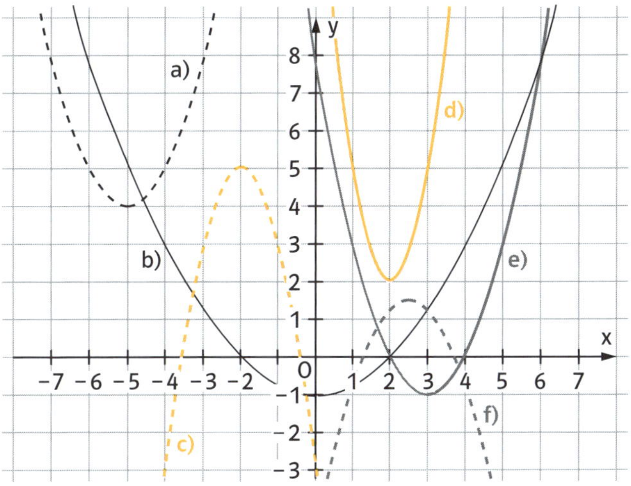

2 Vergleiche Lage und Form des Graphen der vorliegenden Funktion mit der Normalparabel. Kreuze an oder trage den entsprechenden Wert ein.

	Funktionsgleichung	verschoben um … nach				nach unten geöffnet	breiter	enger
		rechts	links	oben	unten			
a)	$y = 2(x-3)^2 + 5$	3				○	○	○
b)	$y = -(x+6)^2 - 2{,}5$					○	○	○
c)	$y = -3x^2 + 10$					○	○	○
d)	$y = 0{,}2x^2 - 5$					○	○	○
e)	$y = -\frac{1}{3}(x-6)^2$					○	○	○
f)	$y = \frac{1}{16}\left(x+\frac{1}{2}\right)^2$					○	○	○

3 Gib eine passende Funktionsgleichung an. Die Normalparabel [$y = x^2$] wurde

a) um 5 Einheiten nach links [$y = (x + 5)^2$] und um 3 Einheiten nach unten verschoben [$y = (x + 5)^2$ _______].

b) mit dem Faktor 4 gestreckt [y = _______], um 3,5 Einheiten nach oben [y = _______________]

und um 7 Einheiten nach links verschoben [y = _____________________].

c) um _____ Einheiten nach _______________ verschoben [$y = (x - 8)^2$] und an der x-Achse gespiegelt

[y = _______________].

d) so verschoben, dass der Scheitel im Punkt S(_____ | _____) liegt [$y = (x + 9)^2 - 4$] und sie nach

_______________ geöffnet ist [$y = -(x + 9)^2 - 4$].

4 Verbinde den Scheitelpunkt und die zugehörigen Funktionsgleichungen.

$y = \frac{1}{3}x^2 - \frac{1}{2}$

$y = \frac{1}{3}\left(x - \frac{1}{3}\right)^2$

$y = (x + 2{,}5)^2 + 0{,}5$

$y = 5x^2 - \frac{1}{2}$

$y = 5x^2 + 5$

$y = x^2 + 5$

$S(-2{,}5 \mid 0{,}5)$

$S\left(\frac{1}{3} \mid 0\right)$

$S(0 \mid 5)$

$S(5{,}2 \mid -4)$

$S\left(0 \mid -\frac{1}{2}\right)$

$y = 5{,}2\left(x - \frac{1}{3}\right)^2$

$y = \frac{1}{3}x^2 + 5$

$y = 5(x + 2{,}5)^2 + 0{,}5$

$y = -x^2 - \frac{1}{2}$

$y = -2{,}5(x - 5{,}2)^2 - 4$

1 Was muss ergänzt werden, damit du den Term mithilfe einer binomischen Formel zusammenfassen kannst?

a) $x^2 + 6x$ $+ 9$ = $(x + 3)^2$ b) $x^2 - 18x$ ______ = ______

c) $x^2 - 5x$ ______ = ______ d) $x^2 - \frac{1}{2}x$ ______ = ______

e) $x^2 + 8x$ ______ = ______ f) $x^2 + \frac{2}{3}x$ ______ = ______

1. binomische Formel
$(a + b)^2$
$= a^2 + 2ab + b^2$
2. binomische Formel
$(a - b)^2$
$= a^2 - 2ab + b^2$

2 Aus der allgemeinen Form einer quadratischen Funktionsgleichung lassen sich die Koordinaten des Scheitelpunktes nicht direkt ablesen. Um sie zu bestimmen, muss die Gleichung erst in die Scheitelform umgewandelt werden.

Allgemeine Form: $y = x^2 + 11x$

$y = x^2 + 2 \cdot 5{,}5 \cdot x + 5{,}5^2 - 5{,}5^2$ quadratische Ergänzung

$y = x^2 + 2 \cdot 5{,}5 \cdot x + 5{,}5^2 - 30{,}25$ 1. binomische Formel

Scheitelform: $y = (x + 5{,}5)^2 - 30{,}25$

Der Scheitelpunkt S hat die Koordinaten S (______ | ______).

a) $y = x^2 - 4x + 1$

$y = x^2 - 4x$ ______ $+ 1$

$y = (x$ ______ $)^2$ ______

S(______ | ______)

b) $y = x^2 + 10x - 5$

$y = x^2 + 10x$ ______

y = ______

S(______ | ______)

c) $y = x^2 - 2x + 2$

y = ______

y = ______

S(______ | ______)

3 Oft musst du beim Umwandeln in die Scheitelform erst ausklammern, bevor du quadratisch ergänzen kannst.

a) $y = 5x^2 - 20x + 5$

$y = 5(x^2 -$ ______ $) + 5$

$y = 5(x^2 -$ ______ $)$ ______

$y = 5((x -$ ______ $)^2$ ______ $)$ ______

$y = 5(x -$ ______ $)^2$ ______

$y = 5(x -$ ______ $)^2$ ______

S(______ | ______)

Faktor vor x^2 aus den ersten beiden Summanden ausklammern

quadratisch ergänzen

binomische Formel anwenden

äußere Klammer ausmultiplizieren

zusammenfassen

b) $y = -3x^2 - 18x + 12$

y = ______

y = ______

y = ______

y = ______

y = ______

S(______ | ______)

4 Kim möchte wissen, wie hoch die Wasserfontäne im botanischen Garten sprüht. Die Fontäne ähnelt einer Parabel, die etwa durch $y = 18x - 3x^2$ beschrieben wird (x und y in Metern).

a) Bestimme die Scheitelform.

______

b) Die Fontäne erreicht eine Höhe von ______.

c) Die Nullstellen liegen bei:

______, d.h., die Fontäne sprüht ______ m weit.

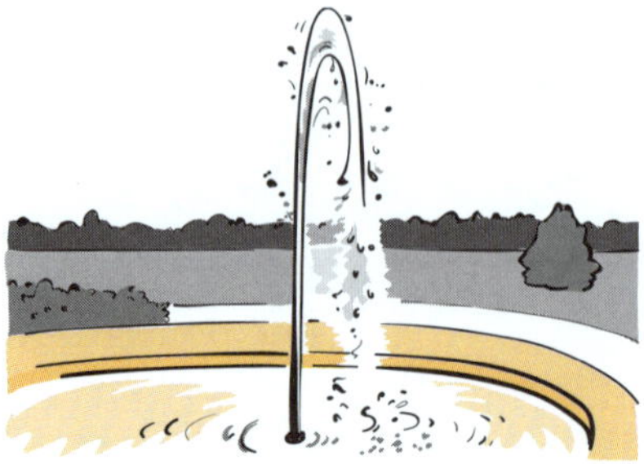

Optimierungsaufgaben

1 Bei welchem Wert für x wird der Flächeninhalt des schwarzen Rechtecks maximal?

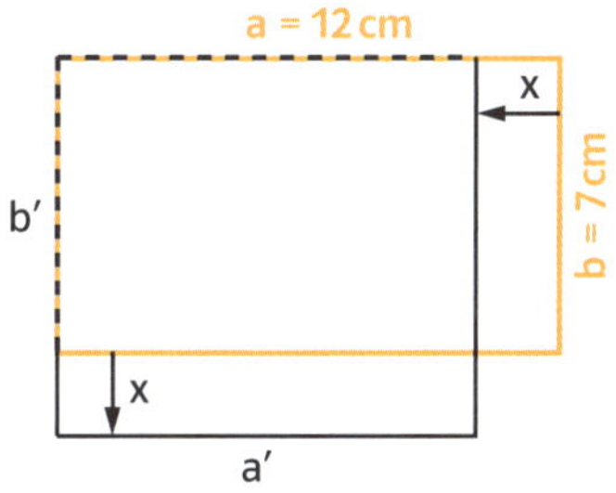

1 Das weißt du schon:
Das orange Rechteck hat die Seitenlängen a = 12 cm und ___ .

Die eine Seite wird um x verkürzt und die andere um ___ verlängert.
Der Flächeninhalt des schwarzen Rechtecks soll maximal werden.

2 Plan: Zur Berechnung des gesuchten Flächeninhalts benötigst du die Seitenlängen des ___ Rechtecks.

3 Durchführung: Seite a′ = 12 − ___ ; Seite b′ = ___ (in cm).

Daraus ergibt sich der Flächeninhalt A = ___ .

Die Funktion x → A mit der Funktionsgleichung A = ___
ist quadratisch. Am Scheitelpunkt der Parabel kann man den ___ Flächeninhalt ablesen.
Der x-Wert des Scheitelpunktes gibt den gesuchten Wert an.

Bestimmung des Scheitelpunktes: S(___ | ___), x = ___

A = ___
A = ___ (___) ___
A = ___ ((___)^2 ___) ___
A = ___ (___)^2 ___

4 Antwort: Wenn x den Wert ___ annimmt, wird der Flächeninhalt maximal. Er beträgt dann ___ .

2 a) Gesucht ist die Zahl, die mit der um 2 vergrößerten Zahl das kleinste Produkt ergibt.
Gib die Zahl und das Produkt an.

Zahl: x; um 2 vergrößerte Zahl: ___ ; Produkt p(x) = x · ___

Produkt in Scheitelform: p(x) = ___ ; S(___ | ___).

Für die Zahl ___ wird das Produkt am kleinsten, nämlich ___ .

b) Für welche Zahl ist das Produkt aus dem Doppelten der Zahl und der um 5 verminderten Zahl am kleinsten?

Zahl: ___ ; Doppeltes der Zahl: ___ ; um 5 verminderte Zahl: ___

Produkt p(x) = ___ ; Produkt in Scheitelform: p(x) = ___ ;

S(___ | ___). Für die Zahl ___ wird das Produkt am kleinsten, nämlich ___ .

3 Eine Großbäckerei verkauft wöchentlich 300 000 Vollkornbrote zu 2,08 € an Supermarktketten. Pro Brot erzielt sie dabei 54 ct Gewinn. Wenn die Großbäckerei ihren Preis um einen Cent verringert, steigert das den Verkauf um 5000 Brote. Bei welchem Preis ist der Gewinn für die Großbäckerei am größten?

Wenn die Großbäckerei den Preis eines Brotes um x ct verringert, macht sie pro Brot ___ ct Gewinn. Durch die Preissenkung um 1 ct verkauft sie wöchentlich 5000 Brote mehr, bei einer Preissenkung um x ct müsste sie ___ Brote mehr verkaufen, also 300 000 + ___ insgesamt.

Gewinn G = Gewinn pro Brot · Anzahl ___ . Also gilt:

G = ___ . Bestimmung des Scheitelpunktes: S(___ | ___). Der maximale Gewinn ergibt sich für x = ___ ct und beträgt ___ ct. Dies ist eine Preis ___ um ___ ct, sodass das Brot dann ___ € kostet.

G = ___ x^2 ___
G = ___ (___) ___
G = ___ ((___)^2 ___) ___
G = ___ (___)^2 ___

1 Löse die quadratische Gleichung, indem du die verschobene Normalparabel zeichnest und die Nullstellen der Funktion abliest. Bringe die Gleichung bei b) erst in Normalform und forme dann in die Scheitelform um.

a) $x^2 + x - 6 = 0$

$f(x) = x^2 + x - 6$

$f(x) = (x$ ___ $)^2$ ___

S(___ | ___)

Nullstellen sind:

$x_1 \approx$ ___ ; $x_2 \approx$ ___

b) $3x^2 + 10{,}5x - 6 = 0$ | ___

$x^2 +$ ___ $= 0$

$f(x) =$ ___

$f(x) = (x$ ___ $)^2$ ___

S(___ | ___)

Nullstellen sind:

$x_1 \approx$ ___ ; $x_2 \approx$ ___

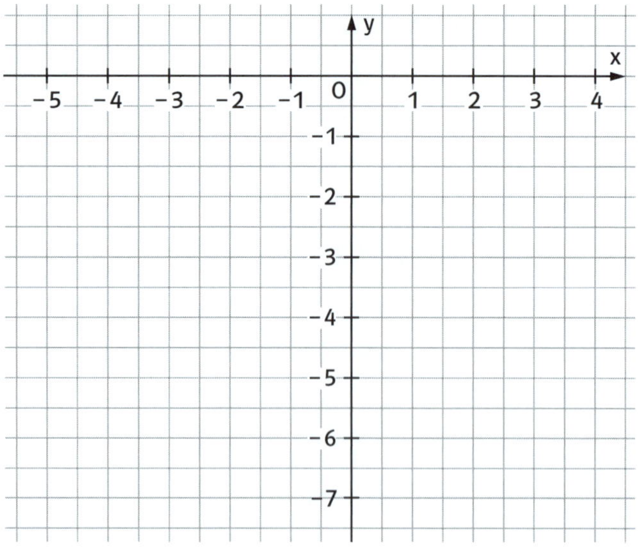

2 Löse die Gleichung zeichnerisch, indem du die Schnittstellen der Normalparabel mit einer Geraden bestimmst. Forme zuerst die Gleichung geeignet um. Zeichne dann die Gerade, notiere die Schnittstellen.

a) $x^2 - \frac{1}{2}x + \frac{1}{2} = 0$

$x^2 = \frac{1}{2}x - \frac{1}{2}$

Normalparabel: $y = x^2$

Gerade: $y =$ ___

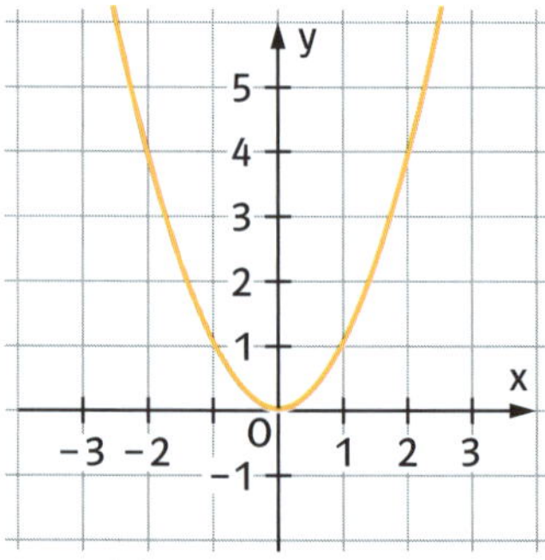

$x_1 \approx$ ___ ; $x_2 \approx$ ___

b) $4x^2 + 8x + 2 = 0$ | :4

___

$x^2 =$ ___

$y =$ ___

$y =$ ___

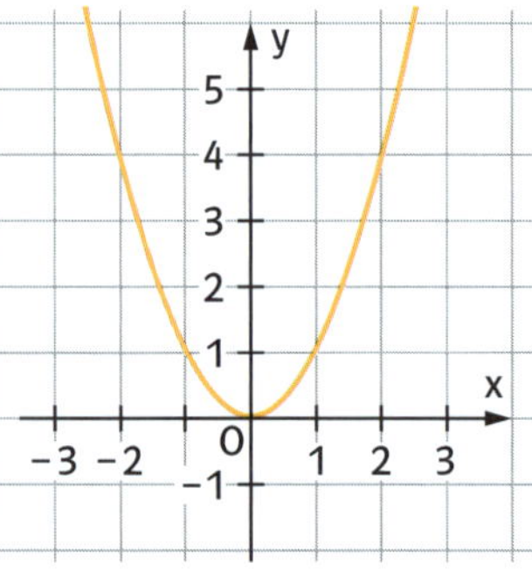

$x_1 \approx$ ___ ; $x_2 \approx$ ___

c) $x^2 - x - 1 = 0$

$x^2 =$ ___

$y =$ ___

$y =$ ___

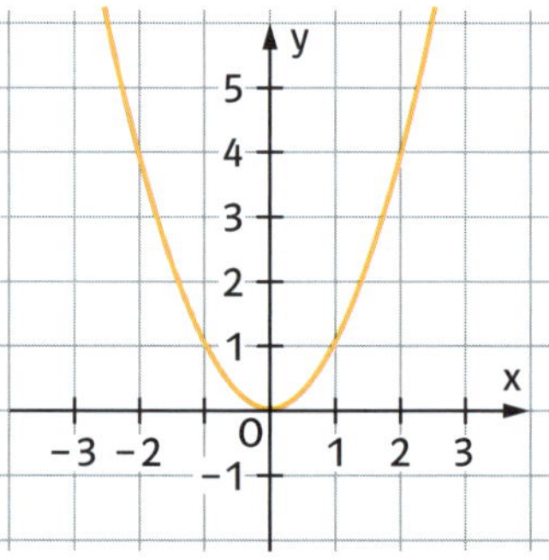

$x_1 \approx$ ___ ; $x_2 \approx$ ___

d) $2x^2 + 3x + 2 = 0$ | :2

___

$x^2 =$ ___

$y =$ ___

$y =$ ___

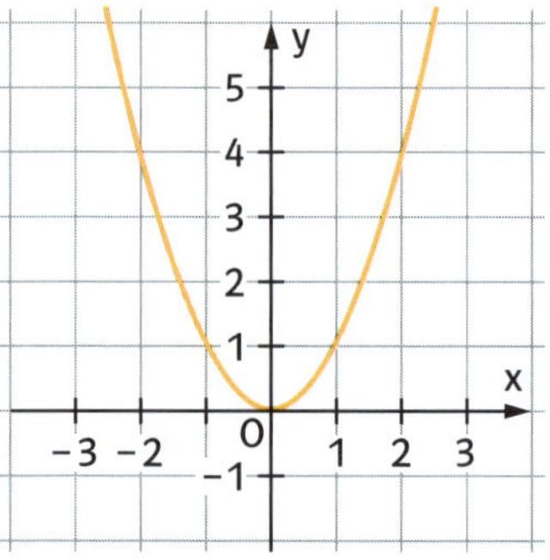

$x_1 \approx$ ___ ; $x_2 \approx$ ___

3 Welche Gleichung kann mithilfe der Zeichnung gelöst werden? Gib Näherungslösungen an.

a)

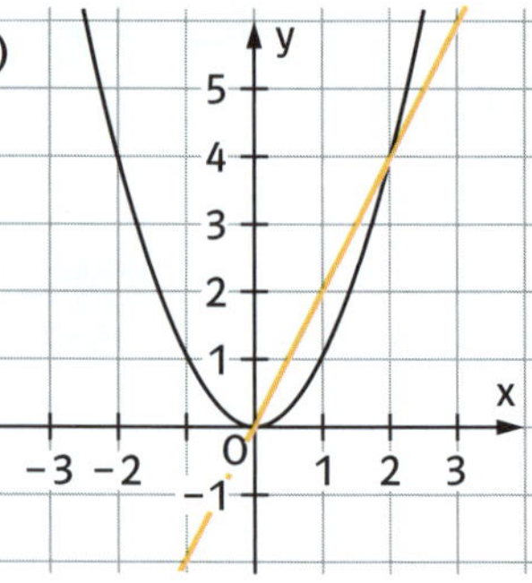

Gerade: $y =$ ___

Gleichung: $x^2 =$ ___

$x_1 \approx$ ___ ; $x_2 \approx$ ___

b)

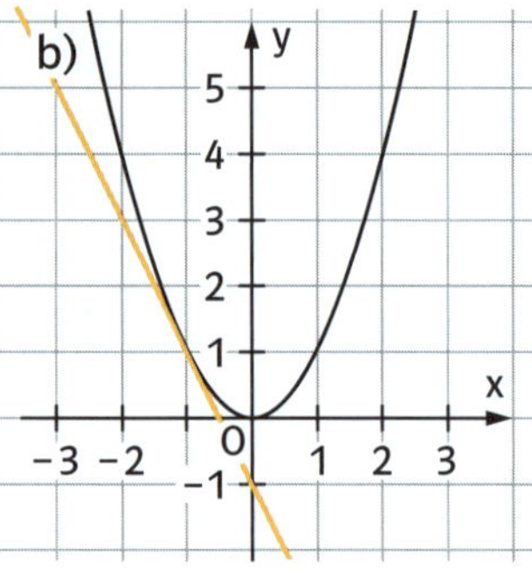

$y =$ ___

$x^2 =$ ___

$x_1 \approx$ ___ ; $x_2 \approx$ ___

c)

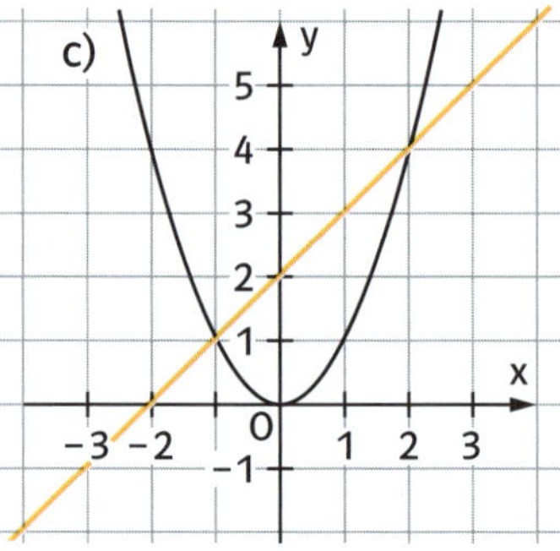

$y =$ ___

$x^2 =$ ___

$x_1 \approx$ ___ ; $x_2 \approx$ ___

d)

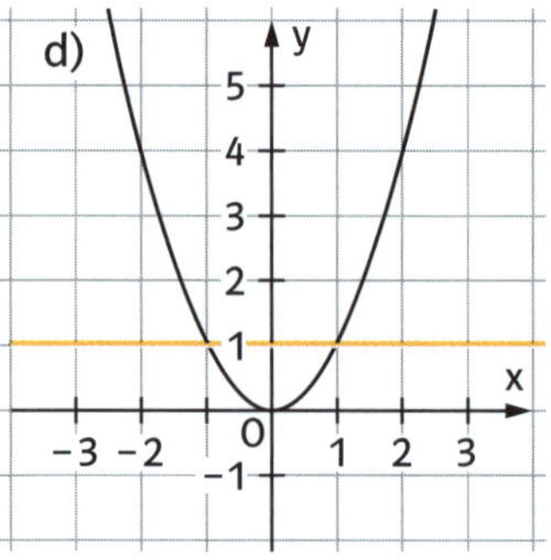

$y =$ ___

$x^2 =$ ___

$x_1 \approx$ ___ ; $x_2 \approx$ ___

1 Bestimme die Lösungen rechnerisch mithilfe der pq-Formeln.

a) $x^2 - 8x + 7 = 0$

$p = \square$, $q = \square$

$x_{1,2} = -\frac{\square}{2} \pm \sqrt{\left(\frac{\square}{2}\right)^2 - \square}$

= ______

= ______

= ______

x_1 = ______ und x_2 = ______

b) $x^2 + 3x - 10 = 0$

______

$x_{1,2}$ = ______

______

______

______

x_1 = ______ und x_2 = ______

c) $x^2 + 8x + 12 = 0$

______

$x_{1,2}$ = ______

______

______

______

x_1 = ______ und x_2 = ______

2 Ergänze die Tabelle.

	Quadratische Gleichung	Einsetzen in pq-Formel	Wert der Diskriminante	Anzahl der Lösungen	Lösungen, falls vorhanden
a)	$x^2 + 4x - 21 = 0$	$x_{1,2} = -2 \pm \sqrt{2^2 + 21}$	$2^2 + 21 = 25$		
b)	$x^2 - 6x + 9 = 0$				
c)	$x^2 - 3x + 8 = 0$				
d)	$x^2 + 14x + 24 = 0$				
e)	$x^2 + 3x + 2{,}25 = 0$				
f)	$x^2 - 10x + 30 = 0$				

3 Forme zuerst in die Normalform um. Bestimme dann rechnerisch die Lösungen. Runde auf zwei Nachkommastellen.

a) $3x^2 = -12x + 24$

$3x^2$ ______ $= 0$ | : 3

$x^2 +$ ______ $= 0$

$x_{1,2}$ = ______

= ______

= ______

$x_1 \approx$ ______ und $x_2 \approx$ ______

b) $5x^2 - 20x = 10x - 20$

$5x^2$ ______ $= 0$

______

$x_{1,2}$ = ______

= ______

= ______

$x_1 \approx$ ______ und $x_2 \approx$ ______

c) $2x + 24 = 6x^2 - x$

______

______

$x_{1,2}$ = ______

= ______

= ______

$x_1 \approx$ ______ und $x_2 \approx$ ______

4 Löse die Gleichung durch Umformen in eine Produktgleichung.

a) $x^2 + 23x = 0$

$x \cdot (x + \quad) = 0$

$x_1 = 0$; x_2 = ______

b) $x^2 - 1{,}3x = 0$

______

x_1 = ______ ; x_2 = ______

c) $x^2 = -3{,}5x$

______

______

x_1 = ______ ; x_2 = ______

d) $x^2 = 5x$

______

______

x_1 = ______ ; x_2 = ______

1 Bestimme die zweite Lösung der quadratischen Gleichung $x^2 + px + q = 0$ mithilfe des Satzes von Vieta, deren Lösungen x_1 und x_2 sind.

> **Satz von Vieta**
> x_1 und x_2 sind genau dann Lösungen von $x^2 + px + q = 0$, wenn gilt: $p = -(x_1 + x_2)$ und $q = x_1 \cdot x_2$

a) $x^2 - 8x + 15 = 0$; $x_1 = 3$

p = ___ ; q = ___

$x_2 = q : x_1 =$ ___

Probe: $-(x_1 + x_2)$ ___

b) $x^2 + 8x + 12 = 0$; $x_1 = -6$

p = ___ ; q = ___

$x_2 =$ ___

Probe: ___

c) $x^2 + 2x - 15 = 0$; $x_1 = -5$

p = ___ ; q = ___

$x_2 =$ ___

Probe: ___

d) $x^2 - 7\frac{2}{7}x + 2 = 0$; $x_1 = 7$

p = ___ ; q = ___

$x_2 =$ ___

Probe: ___

e) $x^2 + 8x = 0$; $x_1 = 0$

p = ___ ; q = ___

$x_2 =$ ___

Probe: ___

2 Zeige, dass x_1 und x_2 die Lösungen der quadratischen Gleichung sind. Faktorisiere dann den Term.

a) $x^2 + 6x + 5 = 0$ $x_1 = -1$; $x_2 = -5$

p = ___ q = ___

$x^2 + 6x + 5 = (x - (-1)) \cdot (x - (-5)) =$ ___

b) $x^2 - 7x + 12 = 0$ $x_1 = 3$; $x_2 = 4$

p = ___ q = ___

$x^2 - 7x + 12 =$ ___

3 Bestimme die Lösungen der Gleichung durch geschicktes Probieren und mithilfe des Satzes von Vieta.

a) $x^2 + 11x + 30 = 0$

$q = x_1 \cdot x_2$	x_1	x_2	$p = -(x_1 + x_2)$
30	3	10	$-(3 + 10) = -13 \neq 11$
30	5	6	$-(5 + 6) =$

Lösungen sind $x_1 =$ ___ und $x_2 =$ ___ .

b) $x^2 - 7x - 8 = 0$

$q = x_1 \cdot x_2$	x_1	x_2	$p = -(x_1 + x_2)$

Lösungen sind $x_1 =$ ___ und $x_2 =$ ___ .

4 Kontrolliere Amelies Lösungen. Kennzeichne mit ✓ oder f. Notiere ggf. die richtige Lösungsmenge.

a) $x^2 - 6x - 16 = 0$

L = {−2; 8} ☐ L = { ___ }

b) $x^2 - x - 20 = 0$

L = {−5; 4} ☐ L = { ___ }

c) $x^2 + 12x + 35 = 0$

L = {−7; −5} ☐ L = { ___ }

d) $x^2 - 4{,}5x + 4{,}5 = 0$

L = {−3; −1,5} ☐ L = { ___ }

5 Eine verschobene Normalparabel schneidet die y-Achse im Punkt P und hat die Nullstelle x_1. Bestimme die zweite Nullstelle und gib die Gleichung der Parabel in Normalform und faktorisiert an.

a) P(0 | −6), also q = −6

$x_1 = 3$ da $q = x_1 \cdot x_2$, also $x_2 =$ ___

p = −(3 ___ = ___

also: $y = x^2$ ___ bzw. y = (___)(___)

b) P(0 | 48), also q = ___

$x_1 = 6$ ___

p = ___

also: y = ___

1 Bei Hochspringern lässt sich die Flugbahn des Körperschwerpunktes durch eine Parabel beschreiben. Der Körperschwerpunkt eines stehenden Menschen liegt bei 60 % der Körpergröße. Den Weltrekord der Männer hielt Anfang 2008 der Kubaner Javier Sotomayor, der bei einer Körpergröße von 1,93 m am 27. 07. 1993 2,45 m übersprang. Nimm an, dass bei seinem Sprung der Scheitelpunkt genau 5 cm oberhalb der Latte lag. Die Absprungstelle war 1 m vor der Latte. Welche Höhe hätte Sotomayor übersprungen, wenn er eine Fußlänge (25 cm) zu früh abgesprungen wäre?

Verstehen der Aufgabe

(1) Gegeben: Der Körperschwerpunkt befindet sich beim Absprung ________ m vor der Latte und in der Höhe von ________ % der Körpergröße (________ m), dies sind ________ m. Der Scheitelpunkt der Flugbahn liegt ________ cm über der Latte (________ m), also in einer Höhe von ________ m.

(2) Gefragt ist, welche Höhe er bei verändertem Absprung (________ cm früher) übersprungen hätte.

Ausdenken eines Plans

(1) Wahl einer geeigneten Funktionsgleichung:
Da es sich bei der Flugbahn um eine Parabel handelt, deren Scheitelpunkt bekannt ist, kann sie durch die Funktionsgleichung $y = a \cdot (\_\_\_\_\_\_)^2$ ________ (Scheitelpunktform) beschrieben werden.

(2) Wahl eines Koordinatensystems und Auswertung der Informationen.

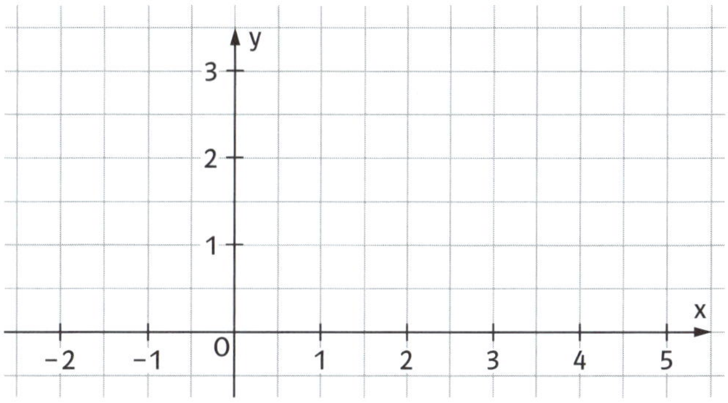

Tipp: Wähle das Koordinatensystem so, dass der Punkt für die Absprungstelle auf der y-Achse liegt. x beschreibt dann die horizontale Entfernung von der ____________________, y die Flughöhe des Körperschwerpunktes.
Fertige eine Skizze an, die alle wichtigen Informationen enthält.

Koordinaten des Körperschwerpunktes beim Absprung: P(_____ | ______)

Koordinaten des Scheitelpunktes: S(_____ | _____)

Durchführen des Plans

(1) Einsetzen des Punktes S(_____ | _____) in die Scheitelpunktform ergibt y = ________________.

Durch Einsetzen des Punktes P(_____ | ______) erhält man ________ = ____________________.

Umformen ergibt ________________.

Also ergibt sich als Funktionsgleichung: y = ____________________.

(2) Wenn Sotomayor 25 cm früher abgesprungen wäre, hätte er bei der Latte dieselbe Höhe gehabt wie bei der skizzierten Flugbahn 25 cm ________ der Latte. Also gibt die y-Koordinate an der Stelle x = ________ die gesuchte Höhe an: ______________________________.

Notwendiger Abstand zur Latte (________ cm); übersprungene Höhe: ________ m

Rückschau

(1) Wenn Sotomayor 25 cm früher abgesprungen wäre, hätte er nur eine Höhe von ________ m übersprungen.

(2) Das Ergebnis ist realistisch, weil ______________________________________.

Ein Produkt ist null, wenn einer der Faktoren null ist.

1 Löse die Gleichung, indem du zuerst ausklammerst.

a) $x^3 - x^2 - 6x = 0$ | x ausklammern

$x(\quad\quad) = 0$

$x_1 = 0$ oder ______ $= 0$

$x_{2,3} =$ ______

$x_2 =$ ______ ; $x_3 =$ ______

Lösungsmenge L = ______

b) $z^3 + 4z^2 - 5z = 0$ | ______

Lösungsmenge L = ______

2 Claudia hat x^2 durch z substituiert. Welche Gleichungen gehören zusammen? Verbinde sie.

$z^2 + z + 8 = 0$

$x^4 + 2x^2 + 8 = 0$

$z^2 + 2z + 8 = 0$

$z^2 - 2z - 8 = 0$

$x^4 + x^2 + 8 = 0$

$x^4 - x^2 + 8 = 0$

$x^4 - 2x^2 - 8 = 0$

$z^2 - z + 8 = 0$

3 Löse die Gleichung, substituiere zuerst.

$x^4 - 8x^2 - 9 = 0$ | $x^2 = z$

$z_{1,2} =$ ______

$z_1 =$ ______ ; $z_2 =$ ______

$x^2 =$ ______ $x^2 =$ ______

Substitution rückgängig machen

Lösungsmenge L = ______

4 Löse die Bruchgleichung, indem du sie zuerst mit dem Hauptnenner multiplizierst. Überprüfe, ob die Gleichung für die Ergebnisse definiert ist.

a) $\frac{1}{x} - \frac{x}{2x-2} = \frac{1-2x}{2x-2}$ | $\cdot x(2x-2)$

$\frac{x(2x-2)}{x} - \frac{x \cdot x(2x-2)}{2x-2} = \frac{(1-2x)x(2x-2)}{2x-2}$

x^2 ______ $= 0$

$x_{1,2} =$ ______

$x_1 =$ ______ ; $x_2 =$ ______

Die Ausgangsgleichung ist für $x =$ ______ nicht definiert, also ist die Lösungsmenge L = ______ .

b) $\frac{3x-6}{x-2} = \frac{x+2}{x-6}$ | ______

$\frac{(3x-6)\quad\quad}{x-2} = \frac{(x+2)\quad\quad}{x-6}$

______ $= 0$ | ______

x^2 ______

$x_{1,2} =$ ______ $x_1 =$ ______ ; $x_2 =$ ______

5 Löse die Wurzelgleichung.

$1 + \sqrt{17-2x} = x$ | -1

$\sqrt{17-2x} = x - 1$

$(\sqrt{17-2x})^2 =$ ______

$x_1 =$ ______ ; $x_2 =$ ______

Isolieren der Wurzel

Quadrieren und Lösen

Überprüfen der Lösungen

Lösungsmenge L = ______

Fülle die Lücken. Für jeden Buchstaben findest du einen Strich. Löse dann die Beispielaufgaben.

Rein quadratische Funktionen

Funktionen mit Funktionsgleichungen der Form $y = ax^2$ heißen rein quadratische Funktionen.

Ihre Graphen heißen _ _ _ _ _ _ _ _. Sie verlaufen alle durch den Punkt S(____ | ____), den _ _ _ _ _ _ _ _ _ _ _ _ der Parabel.

Der Graph von $y = x^2$ heißt Normalparabel.

■ Notiere die Funktionsgleichungen.

a) $y = x^2$

b) y = ______

c) y = ______

d) y = ______

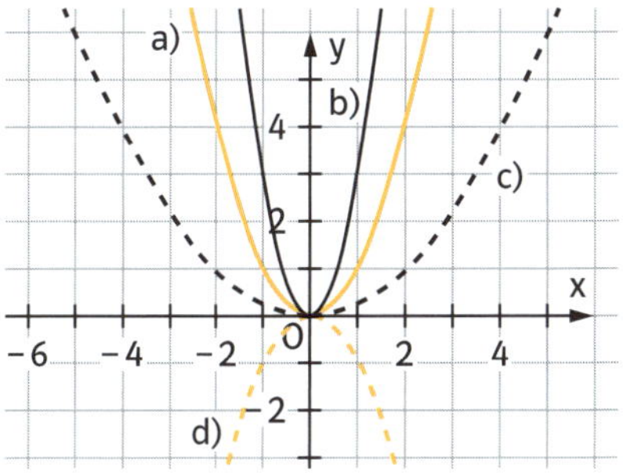

Quadratische Funktionen

Funktionen, deren Funktionsgleichungen in der Form $y = a(x - d)^2 + e$ dargestellt werden können, heißen quadratische Funktionen. Ihre Graphen heißen _ _ _ _ _ _ _ _. Der Graph der Funktion ist der von $y = ax^2$, aber um d in Richtung der _ -Achse und um e in Richtung der _ -Achse verschoben. Der Scheitelpunkt der Parabel liegt bei S(____ | ____).

■ Gib die Funktionsgleichung des verschobenen Graphen und den Scheitelpunkt an.

a) y = ______________

S(____ | ____)

b) y = ______________

S(____ | ____)

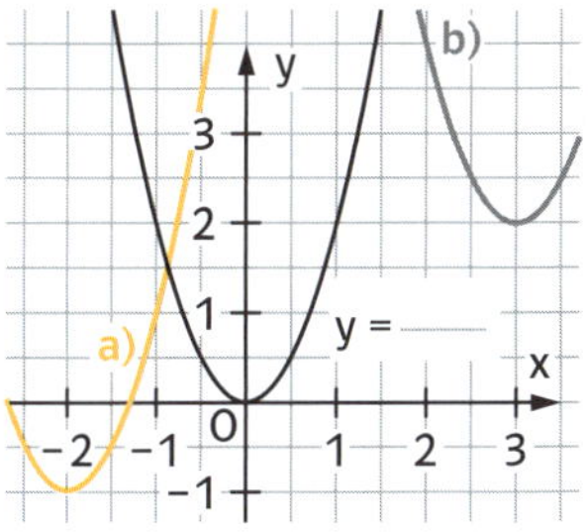

Scheitelform und allgemeine Form

Die Funktionsgleichung kann angegeben werden in der Scheitelform $y = a(x - d)^2 + e$ oder in der allgemeinen Form y = ___ x^2 + ___ x + ___ .

Scheitelform → ausmultiplizieren → allgemeine Form

Scheitelform ← _ _ _ _ _ _ _ _ _ _ ergänzen ← allgemeine Form

■ Forme in die Scheitelform um.

$y = x^2 - 6x + 13$

$y = x^2 - 6x$ __________ $+ 13$

y = (x ______ $)^2$ ______

■ Gib in allgemeiner Form an.

$y = (x + 1)^2 - 5 = x^2$ ______________ $= x^2$ ______________

Quadratische Gleichungen

Gleichungen der Form $ax^2 + bx + c = 0$ heißen quadratische Gleichungen. Sie haben zwei, eine oder keine Lösung. Durch Division mit a erhält man die Gleichung in der Normalform.

■ Bringe die Gleichung in die Normalform.

$4x^2 + 4x - 5 = 0$ | ____

$x^2 +$ ______________

Lösen quadratischer Gleichungen

1. Zeichnerisches Lösen liefert Näherungslösungen:

a) _ _ _ _ _ _ _ _ _ _ _ der Funktion $y = x^2 + px + q$ bestimmen.

b) _ _ _ _ _ _ _ _ _ _ _ _ _ der Funktionen $y = x^2$ und $y = -px - q$ bestimmen.

Die x-Werte der Schnittpunkte sind Lösungen der Gleichung $x^2 = -px - q$ und von $x^2 + px + q = 0$.

2. Rechnerisches Lösen mit der pq-Formel:

$x_1 = -\frac{p}{2} + \sqrt{\left(\frac{p}{2}\right)^2 - q}$ und $x_2 = -\frac{p}{2} - \sqrt{\left(\frac{p}{2}\right)^2 - q}$

■ Löse die Gleichung $x^2 + x - 1{,}25 = 0$.

1. a)

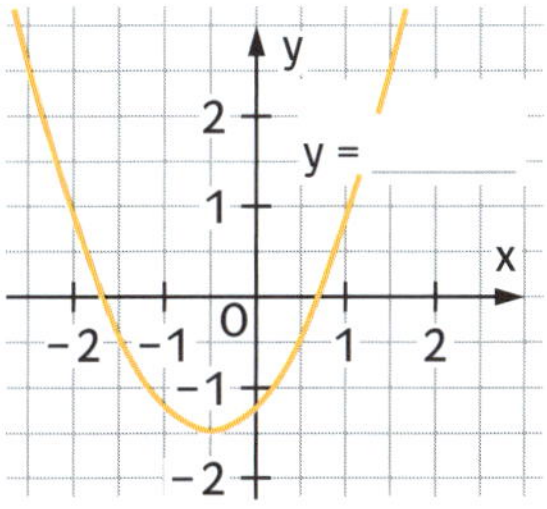

b)

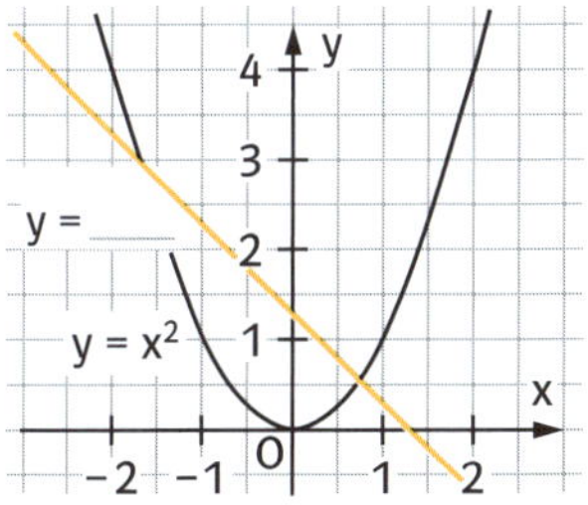

a) $x_1 \approx$ ______ ; $x_2 \approx$ ______   b) $x_1 \approx$ ______ ; $x_2 \approx$ ______

2. $x_{1,2} = -\frac{\square}{2} \pm \sqrt{\left(\frac{\square}{2}\right)^2 - \square}$ = ______ $\pm \sqrt{}$

$x_1 =$ ______________ ; $x_2 =$ ______________

1 Trage die folgenden Zahlen, falls möglich, auf der Zahlengeraden ein.

a) $-2,\overline{1}$ $\frac{1}{2}$ $-\sqrt{2}$ $-1,2$ $\sqrt{\frac{1}{2}}$

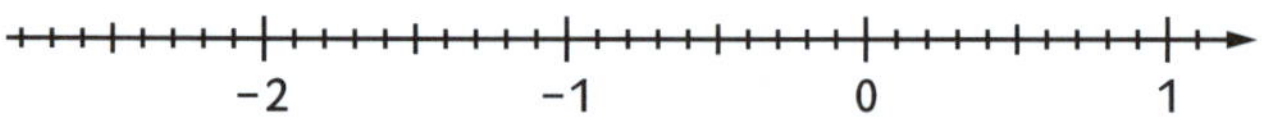

b) $0,3$ $-\frac{1}{3}$ $\sqrt{3\frac{1}{3}}$ $\sqrt{-3}$ $-\sqrt{0,3}$

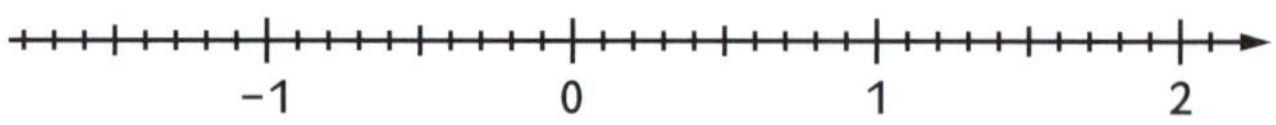

2 Ziehe teilweise die Wurzel.

a) $\sqrt{48}$ = ______

b) $\sqrt{405}$ = ______

c) $\sqrt{432}$ = ______

d) $\sqrt{588}$ = ______

3 Schreibe unter einer Wurzel.

a) $2 \cdot \sqrt{5}$ = ______

b) $5 \cdot \sqrt{7}$ = ______

c) $7 \cdot \sqrt{10}$ = ______

d) $10 \cdot \sqrt{15}$ = ______

4 Berechne die Längen der farbig markierten Strecken.

a)

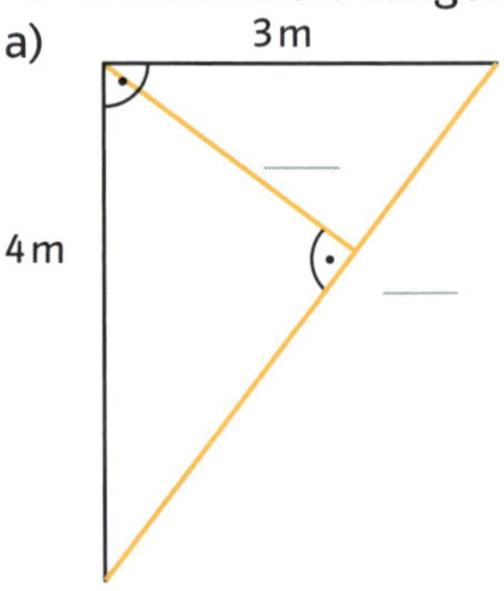

b)

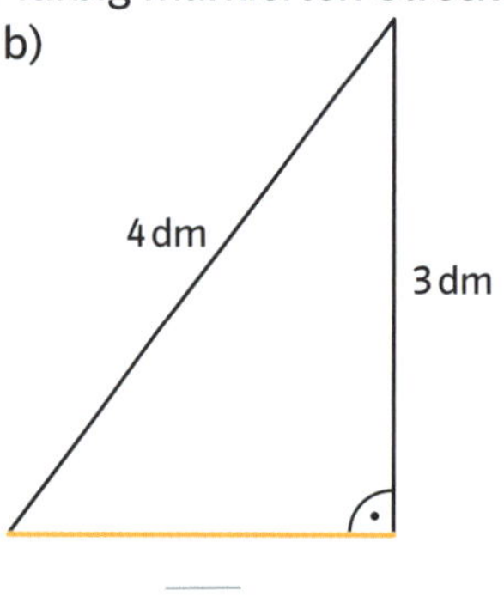

c)

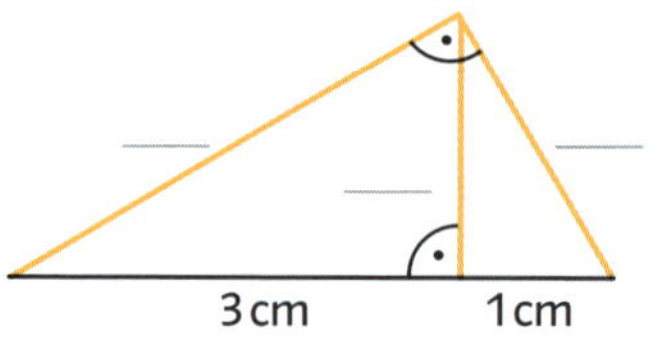

d)

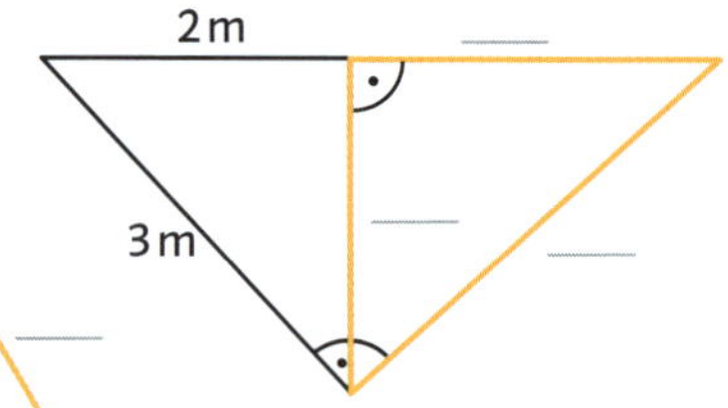

5 a) Bestimme den Flächeninhalt des gefärbten Teildreiecks. Berechne zunächst die Strecken ($\overline{AC}$ mit dem Satz des Pythagoras, $\overline{AF}$ mit dem Kathetensatz, $\overline{FB}$ mit dem ______).

$\overline{AC}$ = ______ cm

$\overline{AF}$ = ______ cm

$\overline{FC}$ = ______ cm

$\overline{FB}$ = ______ cm

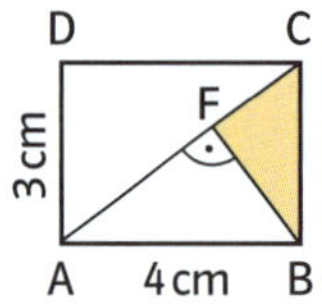

$A_{Dreieck}$ = ______

b) ______ % des Rechtecks sind gefärbt.
Die Diagonale $\overline{AC}$ wird durch den Punkt F im Verhältnis ______ : ______ geteilt.

6 Von einer quadratischen Pyramide seien die Grundflächenseitenlänge a und die Höhe h gegeben. Entwickle schrittweise eine Formel für die Länge der Seitenkante s. Die Höhe der Seitendreiecke ist k.

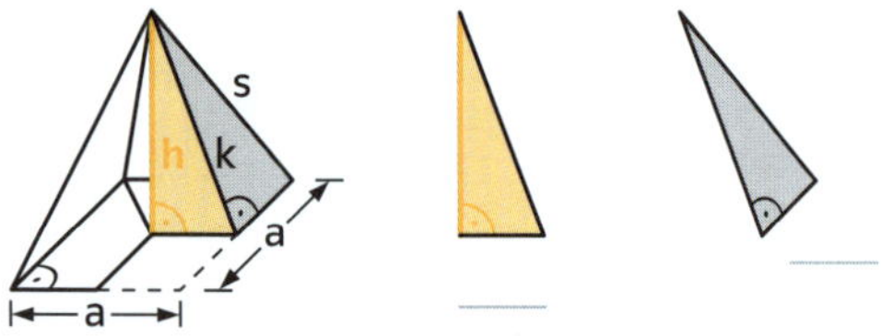

k^2 = ______

s^2 = ______

$s = \sqrt{}$ ______

7 Führe eine zentrische Streckung mit dem Streckzentrum S und dem Streckfaktor 0,5 aus.

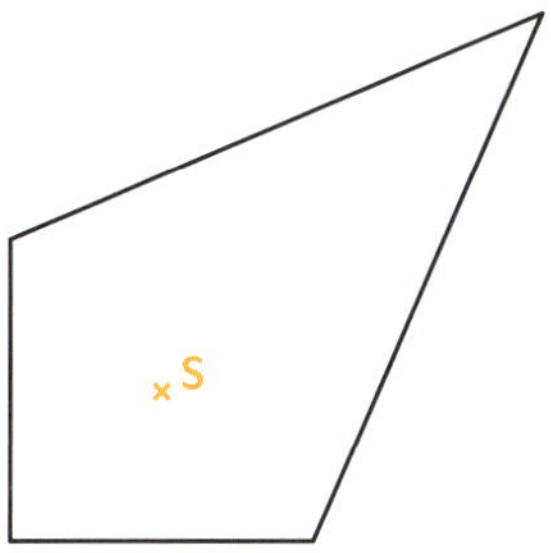

8 Finde das Streckzentrum und bestimme den Streckfaktor k = ______ .

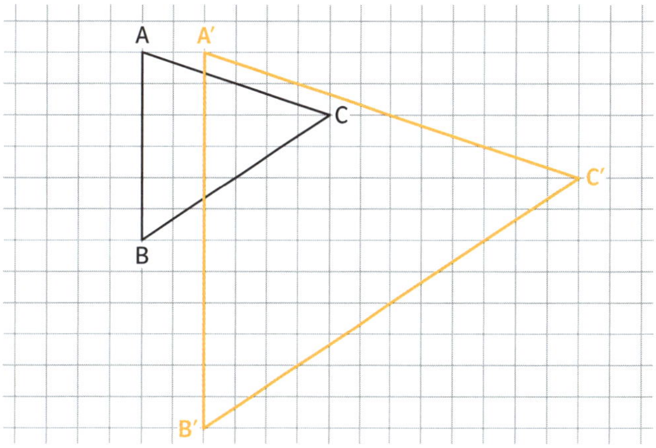

9 Die im Straßenschild angegebene Steigung von 12 % bedeutet, dass bei 100 m horizontaler Fortbewegung 12 m Höhenunterschied zu bewältigen sind. Bestimme die fehlenden Angaben in der Zeichnung.

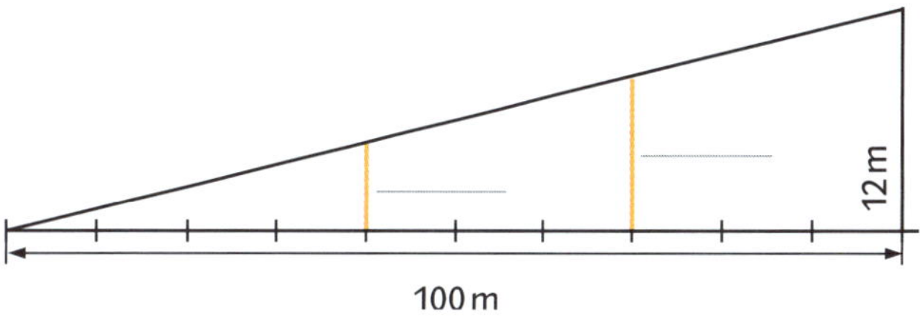

10 Trage die Zahlen in den Zahlenstrahl ein. Markiere dabei das arithmetische Mittel grün und den Median rot.

a) 20 46 4 32 8

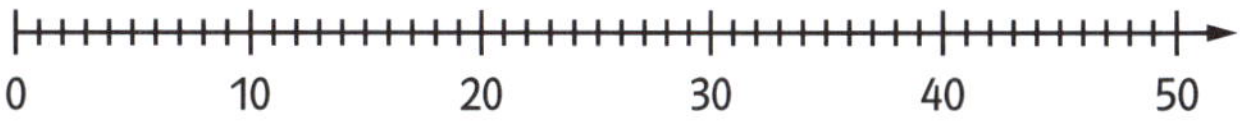

b) 123 82 74 135 106 109 127

11 Löse die Gleichung zeichnerisch mithilfe der Normalparabel. Forme zuerst die Gleichung geeignet um. Zeichne dann die Gerade, notiere die Schnittstellen.

a) $x^2 + 2x = 0$

$x^2 = -2x$

$y = x^2$

y = ______

b) $4x^2 - 6x - 4 = 0 \quad | : 4$

______

x^2 = ______

y = ______

y = ______

c) $x^2 - \frac{1}{2}x - 3 = 0$

x^2 = ______

y = ______

y = ______

d) $3x^2 + 2x - 9 = 0 \quad | : 3$

______

x^2 = ______

y = ______

y = ______

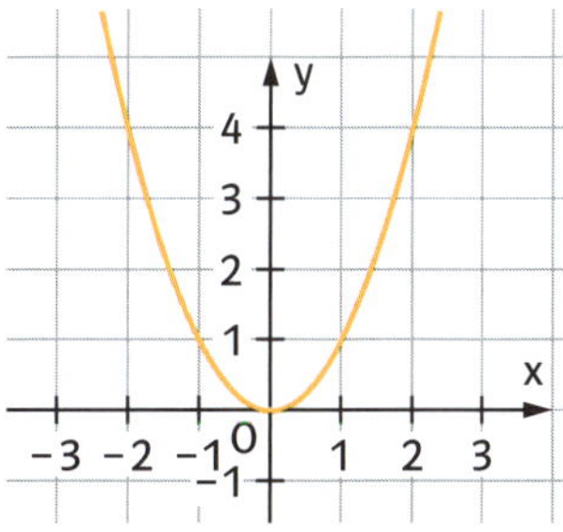

$x_1 \approx$ ______ ; $x_2 \approx$ ______

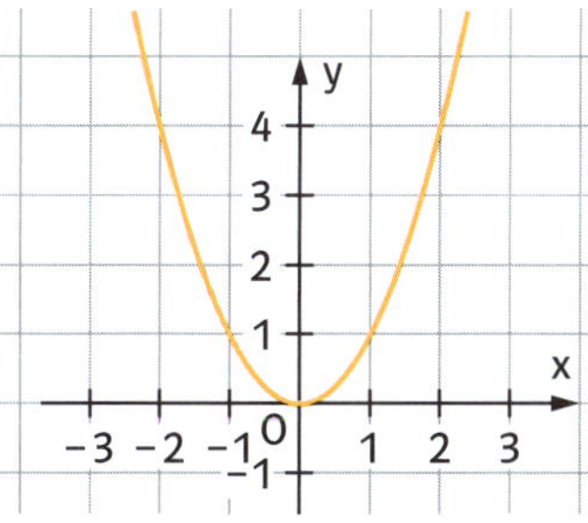

$x_1 \approx$ ______ ; $x_2 \approx$ ______

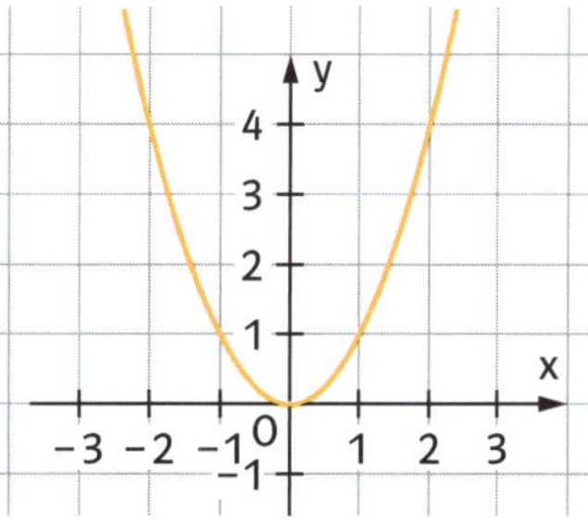

$x_1 \approx$ ______ ; $x_2 \approx$ ______

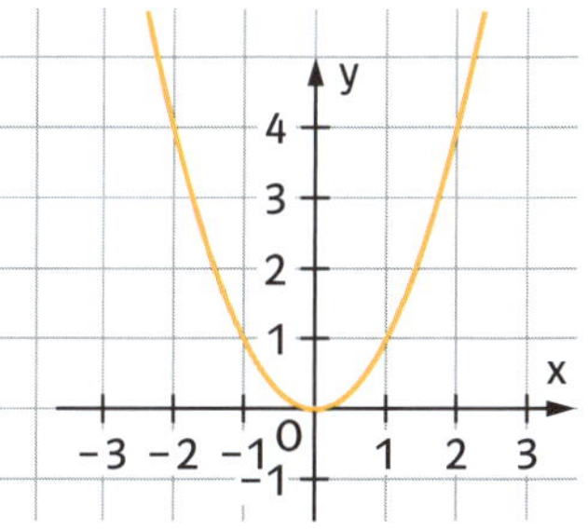

$x_1 \approx$ ______ ; $x_2 \approx$ ______

1 Verbinde zusammengehörige Karten.

Kilo ... (k) | 10^{-1} | Dezi ... (d) | 10^{-2} | Milli ... (m) | 10^{3} | Mikro ... (µ) | 10^{-3}

10^{6} | Mega ... (M) | Hekto ... (h) | 10^{-6} | Nano ... (n)

Giga ... (G) | 10^{9} | 10^{-9} | Zenti ... (c) | 10^{2}

Hausstaubmilbe

2 Ergänze die Tabelle.

		Übersetzung der Einheit	wissenschaftliche Schreibweise	Dezimalschreibweise
a)	feiner Staub: 35 µm	$35 \cdot 10^{-6}$ m	m	m
b)	Hausstaubmilbe: 0,2 mm (Foto oben)			
c)	Luftdruck am Mount Everest: 320 hPa			
d)	Druck im Marianengraben: 110 MPa			
e)	HI-Virus: 110 nm			
f)	Leistung eines Windrads: 1500 kW			

3 Schreibe ohne Zehnerpotenz.

a) $7{,}34 \cdot 10^{7} =$ ______ b) $2{,}9 \cdot 10^{-3} =$ ______ c) $1052 \cdot 10^{-5} =$ ______

d) $62 \cdot 10^{4} =$ ______ e) $0{,}41 \cdot 10^{5} =$ ______ f) $507 \cdot 10^{-6} =$ ______

4 Drei der Umformungen sind fehlerhaft. Streiche in dem Fall den Wert rechts vom Gleichheitszeichen und korrigiere ihn.

a) $4^{-2} = \frac{1}{4^2}$ ______ b) $-\frac{1}{4^{-2}} = 4^2$ ______ c) $(-4)^{-2} = \frac{1}{16}$ ______

d) $\frac{1^3}{3} = \frac{1}{27}$ ______ e) $\left(-\frac{1}{3}\right)^3 = -\frac{1}{27}$ ______ f) $\left(\frac{1}{3}\right)^{-3} = -\frac{1}{27}$ ______

5 Schreibe mit positivem Exponenten.

a) $5^{-7} \cdot 3^2 =$ ______ b) $\frac{6^6}{5^{-1}} =$ ______ c) $\frac{2^{-6}}{7^{-5}} =$ ______

d) $8^9 : 3^{-2} =$ ______ e) $2^9 \cdot \frac{1}{4^{-3}} =$ ______ f) $6^{-1} : 7^{-5} =$ ______

6 Schreibe als Potenz mit negativem Exponenten.

a) $\frac{1}{36} = \frac{1}{6^2} =$ ______ b) $\frac{1}{125} =$ ______ c) $\frac{1}{32} =$ ______

d) $\frac{1}{49} =$ ______ e) $\frac{1}{144} =$ ______ f) $\frac{1}{27} =$ ______

7 Berechne.

a) $5 \cdot (-2)^3$
= ______ = ______

b) $-4 + \left(\frac{1}{2}\right)^{-4}$
= ______

c) $4 - 3^3$
= ______

d) $6 : 3^{-2}$
= ______

e) $50 + 250 : 5^3$
= ______

f) $18 \cdot 6^{-1} + 2$
= ______

Zur Erinnerung:
1. Potenzieren
2. Punktrechnung
3. Strichrechnung

Potenzen mit gleicher Basis

1 Erkläre einem Mitschüler, der das Potenzgesetz nicht versteht, warum es gilt.

a) Potenzen mit gleicher Basis werden multipliziert, indem die Exponenten addiert werden.

Beispiel: $x^3 \cdot x^4 = (x \cdot x \cdot x) \cdot ($ ______________ $) = x^{\square} = x^{3\,\square}$

b) Potenzen mit gleicher Basis werden dividiert, indem die Exponenten

______________ werden.

Beispiel: $y^{\square} : y^{\square} =$ ______________

2 Vereinfache.

a) $a^5 \cdot a^4 =$ ______ b) $b^9 : b^3 =$ ______ c) $c^7 \cdot c^{-2} =$ ______ d) $d^{-4} \cdot d^{-1} =$ ______

e) $r^{-3} : r^{-2} =$ ______ f) $s^8 : s^{-3} =$ ______ g) $t^{-4} \cdot t^8 =$ ______ h) $u^{-5} : u =$ ______

3 Korrigiere die notierte Regel und ergänze das Beispiel.

Potenzen werden potenziert, indem man die Exponenten addiert.

____

____

$(z^3)^2 = (z^3) \cdot ($ ______ $)$

$= (z \cdot$ ______ $) \cdot ($ ______ $)$

$= z^{\square} = z^{3\,\square}$

4 Notiere drei verschiedene Potenzen, die wertgleich mit der vereinfachten Potenz sind.

	Wertgleiche Potenzen			Vereinfachung
a)	$(2^4)^4$	$(2^2)^8$		2^{16}
b)				x^{-12}
c)				3^{-4}
d)				y^{6m}
e)				z^{2n}

5 Streiche falsche Umformungen durch.

	Pauls Lösung	Maries Lösung
a)	$(3a)^5 = 3a^5$	$(3a)^5 = 3^5 \cdot a^5$
b)	$(b^2)^3 = (b^3)^2$	$b^{2^3} = b^{3^2}$
c)	$c^4 \cdot c^{-2} = c^2$	$c^{-2} \cdot c^4 = c^2$
d)	$d^3 : d^{-1} = d^2$	$d^3 : d^{-1} = d^4$
e)	$a^x \cdot a^x = a^{2x}$	$a^x \cdot a^x = (a^2)^x$
f)	$3f^2 2g^3 = 6(fg)^5$	$3f^2 2g^3 = 6f^2g^3$
g)	$g^{n+3} : g^{n-1} = g^4$	$g^{n+3} : g^{n-1} = g^2$

______________ hat mehr richtige Umformungen.

6 Vereinfache den Term so weit wie möglich.

a) $\frac{1}{2}z^6 \cdot 6z^{-3} =$ ______________

b) $5w^8 : w^3 =$ ______________

c) $2{,}4c^2 : 0{,}8c^2 =$ ______________

d) $7a^{n+2} \cdot a^{-n} =$ ______________

e) $\frac{b^{m-1}}{b^{1+m}} =$ ______________

f) $x^{k-2} \cdot x^2 =$ ______________

7 Finde den Fehler und korrigiere die Rechnung.

a) $\frac{u^3 \cdot 8v^7}{4u \cdot v^6} = \frac{8}{4} \cdot \frac{u^3 \cdot v^7}{u \cdot v^6} = 4u^{3-1}v^{7-6} = 4u^2v$

____

b) $\frac{8a^7b}{2a^5b^3} = \frac{8}{2} \cdot \frac{a^7b}{a^5b^3} = 4 \cdot a^{7-5} \cdot b^{-3} = 4a^2b^{-3}$

____

c) $\frac{7x^4 \cdot (-3y^{-2})}{3x^3 \cdot 14y} = \frac{7 \cdot 3}{3 \cdot 14} \cdot \frac{x^4}{x^3} \cdot \frac{y^{-2}}{y} = \frac{1}{2} \cdot x \cdot y^{-2-1} = \frac{1}{2}xy^{-3}$

____

1 Ergänze die Aussagen und die Beweise zu den Potenzgesetzen für die Multiplikation und Division von Potenzen mit gleichen Exponenten.
Für beliebige Basen a und b (≠ 0) und einen natürlichen Exponenten n gilt:

a) $a^n \cdot b^n =$ ___ Beweis: $a^n \cdot b^n = \underbrace{a \cdot \ldots \cdot a}_{\text{\_\_-mal}} \cdot \underbrace{b \cdot \ldots \cdot b}_{\text{\_\_-mal}} = \underbrace{(\_\_) \cdot \ldots \cdot (\_\_)}_{\text{\_\_-mal}} = (a \cdot b)^n$

b) $a^n : b^n = \frac{a^n}{b^n} = \frac{\_\_}{\_\_}$ Beweis: $\frac{a^n}{b^n} = \frac{\overbrace{a \cdot \ldots \cdot a}^{\_\_}}{\underbrace{b \cdot \ldots \cdot b}_{\_\_}} = \underbrace{\frac{a}{b} \cdot \ldots \cdot \frac{a}{b}}_{\_\_} = \frac{\_\_}{\_\_}$

2 Berechne im Kopf.

a) $21^4 : 7^4 = 3^4 =$ ___

b) $20^3 \cdot \left(\frac{1}{4}\right)^3 =$ ___

c) $(-0{,}3)^{-3} \cdot 10^{-3} =$ ___

d) $8^{-5} : 16^{-5} =$ ___

e) $\left(\frac{1}{3}\right)^6 \cdot (-6)^6 =$ ___

f) $(-18)^4 : 6^4 =$ ___

3 Ergänze die fehlende Zahl oder Variable.

a) $\left(\frac{2}{3}\right)^n \cdot 3^n = 2^{\_\_}$

b) $6{,}5^m : 5^m = (\_\_)^m$

c) $\left(\frac{1}{8}\right)^x \cdot (\_\_)^x = \left(\frac{1}{2}\right)^x$

d) $(-8)^p : 4^p = (\_\_)^p$

e) $20^{3k} : 10^{3k} = 2^{\_\_}$

f) $\left(\frac{3}{4}\right)^w \cdot (\_\_)^w = \left(\frac{3}{5}\right)^w$

g) $\left(\frac{5}{8}\right)^q : (\_\_)^q = \left(\frac{1}{3}\right)^q$

h) $(\_\_)^z \cdot 3^{-z} = 4^z$

4 Markiere falsche Umformungen mit „f" und verbessere.

a) $7^{2k} \cdot 2^{2k} = 14^{2k}$ ___

b) $3^{x+2} : \left(\frac{1}{3}\right)^{x+2} = 1^{x+2}$ ___

c) $(6a)^z : (2a)^z = (3a)^z$ ___

d) $(5b)^{3y} \cdot b^{3y} = (5b^2)^{3y}$ ___

e) $30^{-m} : 3^m = 10^{-m}$ ___

f) $(4x)^{n-1} \cdot x^{1-n} = (4x^2)^{n-1}$ ___

5 a) Bei Filippo bekommt man eine Maxi-Pizza für 7,80 €. Für den Straßenverkauf will Filippo Mini-Pizzen mit dem halben Durchmesser herstellen. Wie teuer müsste eine solche Pizza sein, damit man genauso viel für sein Geld bekommt? [T1 – T3]

Die Mini-Pizza müsste ___ € kosten.

Dies ist ein ___ des Preises einer Maxi-Pizza.

b) Filippo will seine Pizza für 2 € verkaufen. Hältst du das für eine sinnvolle Entscheidung?

___

___

___

[T1] Die Größe der Pizza ist die einer Kreisfläche, also abhängig vom Radius. Es gilt A = …

[T2] Stelle eine Formel für die Kreisfläche der Mini-Pizza mit dem halben Radius auf. Klammern setzen!

[T3] Durch welchen Faktor unterscheiden sich die beiden Flächen? Beachte die Klammern.

1 Gegeben sind die Rauminhalte mehrerer Würfel. Welche dieser Würfel haben eine Kantenlänge x, die als Dezimalbruch nicht exakt anzugeben ist?

a) $V = 125\,m^3$ $125 = 5 \cdot 5 \cdot 5 = 5^3;\ x = \sqrt[3]{125} =$ ______ m

b) $V = 0{,}027\,dm^3$ ______

c) $V = 100\,ml$ ______

d) $V = 3375\,mm^3$ ______

Würfel mit irrationaler Kantenlänge x: ______

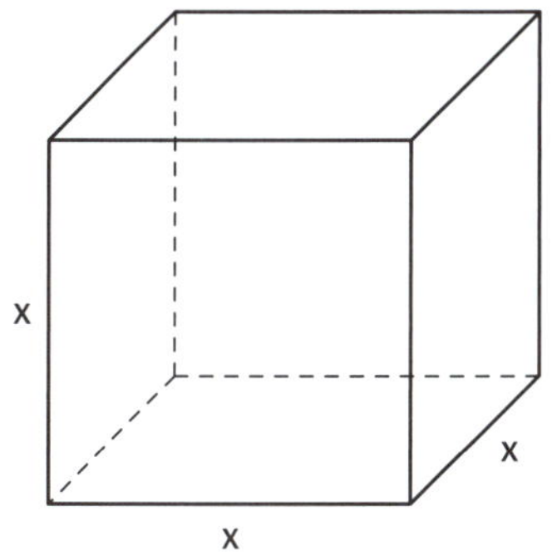

2 Schätze den Näherungswert für die Kubikwurzel wie im Beispiel. Berechne anschließend zur Probe mit dem Taschenrechner den Wert und runde auf zwei Stellen nach dem Komma.

Beispiel: $\sqrt[3]{23}$	a) $\sqrt[3]{90}$	b) $\sqrt[3]{270}$	c) $\sqrt[3]{444}$
$\sqrt[3]{8} < \sqrt[3]{23} < \sqrt[3]{27}$	___ $< \sqrt[3]{90} <$ ___	___ < ___ < ___	___ < ___ < ___
$\sqrt[3]{2^3} < \sqrt[3]{23} < \sqrt[3]{3^3}$	___ $< \sqrt[3]{90} <$ ___	___ < ___ < ___	___ < ___ < ___
$2 < \sqrt[3]{23} < 3$	___ $< \sqrt[3]{90} <$ ___	___ < ___ < ___	___ < ___ < ___

3 Fülle die Tabelle aus.

a)

x	5				4	
x^3	125	216		1		343
$\sqrt[3]{x}$	1,71		2			

b)

x	5				1024	
x^5	3125	32	1,61051	1		343
$\sqrt[5]{x}$	1,37973					

4 Bei n-ten Wurzeln kann man analog zu den Quadratwurzeln teilweise Wurzelziehen.

Beispiel: $\sqrt[3]{16} = \sqrt[3]{2^4} = \sqrt[3]{2 \cdot 2^3} = \sqrt[3]{2^3} \cdot \sqrt[3]{2} = 2 \cdot \sqrt[3]{2}$

a) $\sqrt[3]{1296} =$ ______

b) $\sqrt[3]{100\,000} =$ ______

c) $\sqrt[3]{0{,}0625} =$ ______

d) $\sqrt[3]{27x^5} =$ ______

e) $\sqrt[4]{4802} =$ ______

f) $\sqrt[7]{256} =$ ______

g) $\sqrt[11]{6144} =$ ______

5 a) Für das Kantenmodell eines Würfels, der ein Volumen von 7 l hat, werden ______ m Draht benötigt.

b) Wie groß ist die Kantenlänge für einen Würfel mit 35 l Volumen? ______

c) Mit welcher Zahl muss die Kantenlänge des 7-l-Würfels multipliziert werden, damit man die Grundseite eines 35-l-Würfels erhält? ______

6 Erno Rubik erfand den Zauberwürfel Rubik's Cube vor über 30 Jahren. Seitdem sind weit über hundert Millionen dieser Würfel in allen Größen verkauft worden.

Es gibt etwa $4{,}3 \cdot 10^{19}$ verschiedene Stellungen der ______ Würfelteile. Der Originalwürfel hat ein Volumen von $190{,}11\,cm^3$. Die Teilwürfel besitzen eine Kantenlänge von ______.

Potenzen mit rationalen Exponenten

1 Lea und Tim haben die Festlegung (Definition) $a^{\frac{1}{n}} = \sqrt[n]{a}$ kennengelernt.

Sie überlegen, wie $10^{\frac{3}{4}}$ sinnvoll gedeutet werden kann.

$a^{\frac{1}{n}} = \sqrt[n]{a}$

Lea:

$10^{\frac{3}{4}} \overset{A}{=} (10^3)^{\frac{1}{4}} \overset{B}{=} \sqrt[4]{10^3}$

Tim:

$10^{\frac{3}{4}} = 10^{\frac{1}{4}+\frac{1}{4}+\frac{1}{4}} \overset{C}{=} 10^{\frac{1}{4}} \cdot 10^{\frac{1}{4}} \cdot 10^{\frac{1}{4}} \overset{D}{=} \sqrt[4]{10} \cdot \sqrt[4]{10} \cdot \sqrt[4]{10} \overset{E}{=} (\sqrt[4]{10})^3$

a) Welche Gesetze (P1 bis P5) oder Definitionen (D1 und D2) haben Lea bzw. Tim verwendet? Notiere zu den Buchstaben am Gleichheitszeichen die entsprechende Abkürzung.

A: ______ B: ______ C: ______ D: ______ E: ______

D1 | $\underbrace{a \cdot a \cdot \ldots \cdot a}_{n \text{ Faktoren}} = a^n$

P1 | $a^p \cdot a^q = a^{p+q}$

P4 | $a^p : a^q = a^{p-q}$

D2 | $a^{\frac{1}{n}} = \sqrt[n]{a}$

P3 | $a^p : b^p = \frac{a^p}{b^p} = \left(\frac{a}{b}\right)^p$

P2 | $a^p \cdot b^p = (a\,b)^p$

P5 | $(a^p)^q = a^{pq}$

b) Ändere Leas Weg ein wenig, sodass auch sie $(\sqrt[4]{10})^3$ erhält. $10^{\frac{3}{4}} =$ ______________

2 Markiere Kärtchen mit gleichem Wert.

$3^{\frac{2}{3}}$ | $\sqrt[3]{2^2}$ | $\sqrt[3]{3}$ | $\sqrt{3^3}$ | $3^{\frac{3}{2}}$ | $\sqrt[3]{3^2}$ | $(\sqrt{3})^3$ | $2^{\frac{2}{3}}$ | $3^{\frac{1}{3}}$ | $(\sqrt[3]{3})^2$ | $(\sqrt[3]{2})^2$

3 Welche Taschenrechnereingaben sind richtig? Streiche falsche durch.
(Beachte: Je nach Fabrikat können die Tastenfolgen etwas variieren; siehe Bedienungsanleitung, z. B. für n-te Wurzel aus …)

a)	[6] [^] [1] [/] [3]	$6^{\frac{1}{3}}$	[6] [^] [(] [1] [/] [3] [)]
b)	[5] [MATH] [5] [(] [2] [^] [3] [)]	$\sqrt[5]{2^3}$	[5] [MATH] [5] [2] [^] [3]
c)	[3] [/] [5] [^] [(] [3] [/] [2] [)]	$\left(\frac{3}{5}\right)^{\frac{3}{2}}$	[(] [3] [/] [5] [)] [^] [3] [/] [2]
d)	[0] [.] [4] [^] [(-)] [(] [2] [/] [7] [)]	$0{,}4^{-\frac{2}{7}}$	[0] [.] [4] [^] [(] [(-)] [2] [/] [7] [)]
e)	[(] [(-)] [7] [)] [^] [(] [1] [/] [4] [)]	$-7^{\frac{1}{4}}$	[(-)] [7] [^] [(] [1] [/] [4] [)]

4 Vereinfache. Gib das Ergebnis ohne rationalen Exponenten an (Tipp: Wurzelschreibweise).

a) $6^{\frac{2}{3}} \cdot 6^{\frac{4}{3}} =$ ______________ b) $\left(81^{-\frac{6}{7}}\right)^{\frac{7}{12}} =$ ______________ c) $7^{-1,3} \cdot 7^{0,3} =$ ______________

d) $45^{\frac{3}{5}} : 3^{\frac{3}{5}} =$ ______________ e) $\left(a^{\frac{1}{6}}\right)^{-\frac{3}{4}} =$ ______________ f) $b^{-\frac{5}{6}} : b^{\frac{1}{3}} =$ ______________

5 Schreibe ohne Wurzeln und vereinfache dann.

a) $\sqrt[3]{4} \cdot \sqrt[3]{2} =$ ______________

b) $\sqrt[3]{3} : \sqrt{3} =$ ______________

c) $\sqrt[10]{x^3} : \sqrt[5]{x} =$ ______________

d) $\sqrt[4]{y} \cdot \sqrt[3]{y^2} =$ ______________

6 Ordne die Kärtchen den Lücken zu.

a) ______ $: 3 =$ ______

b) ______ $\cdot 4 =$ ______

c) ______ $\cdot 4^{\frac{2}{3}} =$ ______

d) ______ $\cdot 3 =$ ______

$\sqrt[3]{3^4}$ | $\sqrt[3]{9}$ | $\sqrt[4]{4^3}$ | $\sqrt[3]{3}$ | $\sqrt[3]{12^2}$ | $(\sqrt[4]{3})^7$ | $\sqrt[4]{3^3}$ | $(\sqrt[4]{4})^7$

Fülle die Lücken. Für jeden Buchstaben findest du einen Strich. Löse dann die Beispielaufgaben.

Wissenschaftliche Schreibweise

In dieser Schreibweise wird eine Zahl als Produkt aus

- einer Dezimalzahl mit genau einer _ _ _ _ _ _ ungleich null vor dem _ _ _ _ _ und
- einer _ _ _ _ _ _ _ _ _ _ _ _ dargestellt.

Gib in wissenschaftlicher Schreibweise an.

$20\,456 =$ ______ $\cdot 10^{\square}$

$0{,}005\,807 =$ ______

$391{,}02 =$ ______

$0{,}000\,000\,61 =$ ______

Potenzen mit ganzzahligen Exponenten

Potenz: $a^n = \underbrace{a \cdot a \cdot \ldots \cdot a}_{\_\ \text{Faktoren}}$ (a: Basis, n: Exponent)

Für jede Basis a ($a \neq 0$) und jeden natürlichen Exponenten n gilt:

$a^{-n} = \frac{1}{a^n}$ und $a^0 = 1$

Berechne.

$8^0 =$ ______

$4^3 =$ ______

$3^{-2} = \frac{1}{\square} = \frac{\square}{\square}$

$(-5)^{-3} = \frac{1}{\square} = \frac{\square}{\square}$

Wurzeln

Unter der n-ten Wurzel (natürliche Zahl n) aus einer Zahl $a \geqq 0$ versteht man die nicht negative Zahl, die mit n _ _ _ _ _ _ _ _ _ _ a ergibt.

Daher gilt: $\sqrt[n]{a} = a^{\frac{1}{n}}$.

Berechne.

$81^{\frac{1}{4}} =$ ______ $=$ ______

$64^{\frac{1}{3}} =$ ______ $=$ ______

Potenzen mit rationalen Exponenten

Für eine positive Zahl a, eine ganze Zahl m und eine _ _ _ _ _ _ _ _ _ _ Zahl n gilt: $a^{\frac{m}{n}} = \sqrt[n]{a^m} = (\sqrt[n]{a})^m$

Berechne.

$27^{\frac{4}{3}} = (\text{\_\_\_\_\_})^4 =$ ______ $=$ ______

$16^{-\frac{3}{4}} = \frac{1}{\square} = \frac{\square}{\square} = \frac{\square}{\square} = \frac{\square}{\square}$

Potenzgesetze

Für positive Zahlen a und b und rationale Zahlen p und q gilt:

- Potenzen mit gleicher Basis werden multipliziert bzw. dividiert, indem die Exponenten _ _ _ _ _ _ _ bzw. _ _ _ _ _ _ _ _ _ _ _ _ werden. Die _ _ _ _ _ bleibt erhalten.

  $a^p \cdot a^q = a^{p+q}$ $\qquad$ $a^p : a^q = \frac{a^p}{a^q} = a^{p-q}$

- Potenzen mit gleichem Exponenten werden multipliziert bzw. dividiert, indem die Basen _ _ _ _ _ _ _ _ _ _ _ _ _ bzw. _ _ _ _ _ _ _ _ _ werden. Der Exponent bleibt erhalten.

  $a^p \cdot b^p = (a \cdot b)^p$ $\qquad$ $a^p : b^p = \frac{a^p}{b^p} = \left(\frac{a}{b}\right)^p$

- Potenzen werden potenziert, indem die Exponenten _ _ _ _ _ _ _ _ _ _ _ _ _ werden. $(a^m)^n = a^{m \cdot n} = a^{mn}$

Fasse zusammen.

$a^5 \cdot a^3 =$ ______

$b^{\frac{4}{7}} \cdot b^{-\frac{1}{7}} =$ ______

$c^4 : c^2 =$ ______

$d^{-2} : d^2 =$ ______

$3^{\frac{2}{5}} \cdot 5^{\frac{2}{5}} =$ ______

$12^4 \cdot \left(\frac{1}{3}\right)^4 =$ ______

$10^p : 2^p =$ ______

$(x^4)^2 =$ ______

$\left(y^{\frac{1}{4}}\right)^{\frac{2}{3}} =$ ______

Potenzfunktion mit ganzzahligen Exponenten (1)

1 a) Vergleiche die Potenzfunktionen $f: x \rightarrow x^n$ für $n \in \mathbb{N}$, wobei n entweder gerade oder ungerade sein soll.

$f: x \rightarrow x^n$	n ist gerade	n ist ungerade
Definitionsmenge		
Grenzen/Asymptoten	Je größer x wird, desto größer wird x^n.	
Symmetrie		punktsymmetrisch zum Ursprung
gemeinsame Punkte		

b) Zeichne die Graphen von $x \rightarrow a \cdot x^n$, $n \in \mathbb{N}$, $a \neq 0$, in das zugehörige Koordinatensystem. Beachte die Auswirkungen von a.

Graphen für:

$f(x) = x^2$

$g(x) = x^3$

$h(x) = -x^2$

$i(x) = -x^3$

$j(x) = -0{,}5x^4$

$k(x) = 0{,}5x^3$

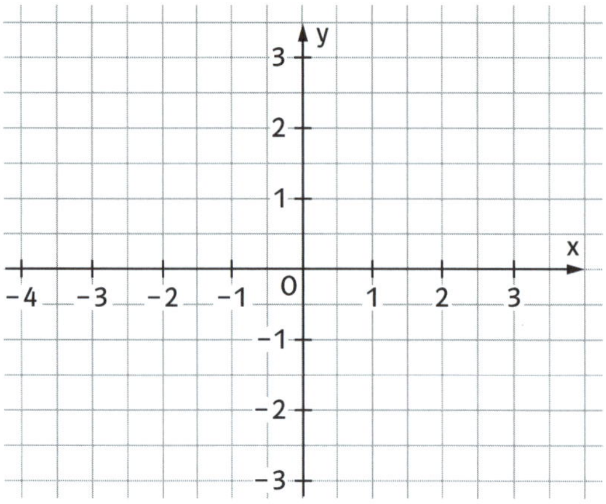

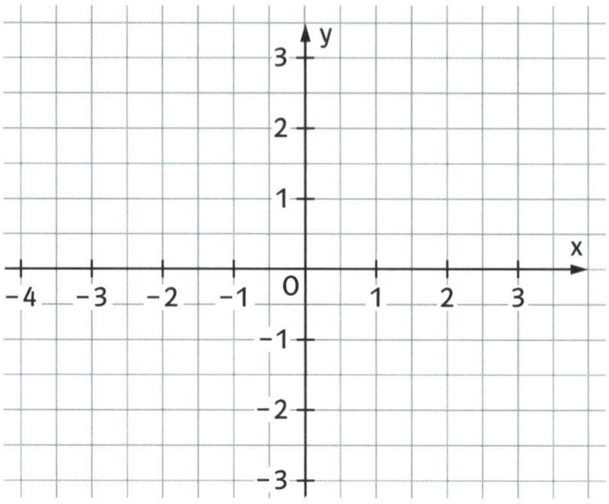

2 Gegeben sind die folgenden Graphen von Potenzfunktionen mit natürlichen Exponenten. Entscheide, welche Funktionsgleichung zu welchem Graphen gehört.

☐ $f(x) = x^4$

☐ $f(x) = x^2$

☐ $f(x) = -x^6$

☐ $f(x) = -x^2$

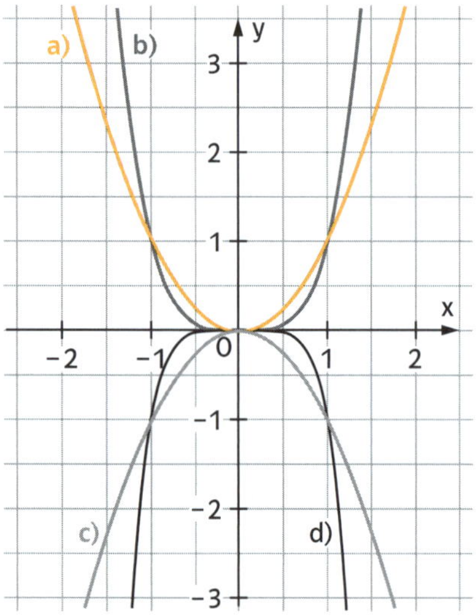

☐ $f(x) = x^3$

☐ $f(x) = x^5$

☐ $f(x) = -x^3$

☐ $f(x) = -x^7$

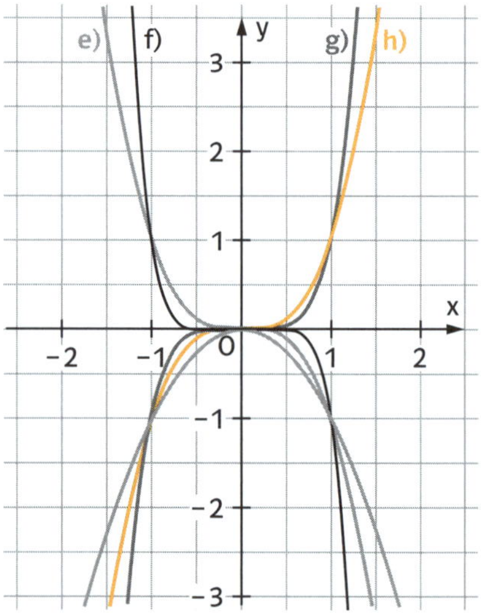

3 Ordne die Punkte P, Q, R, S und T den Potenzfunktionen zu, auf deren Graphen sie liegen.

P(0 | 0)

$f(x) = x^2$

$i(x) = 0{,}5x^3$

Q(4 | 4)

T(4 | 16)

$g(x) = 0{,}25x^3$

R(0,5 | 0,0625)

S(2 | 4)

$h(x) = 0{,}0625x^4$

4 Ergänze die Tabelle.

	x	$0{,}25x^4$	$0{,}5x^2$	x^3
a)	1			
b)		4		
c)				0
d)			8	
e)				3,375

1 a) Vergleiche die Potenzfunktionen $f: x \to x^{-n}$ für $n \in \mathbb{N}$. Unterscheide jeweils gerade und ungerade n. Zeichne die Funktionen in das zugehörige Koordinatensystem.

$f: x \to x^{-n}$	n gerade	n ungerade
Definitionsmenge		
Grenzen/Asymptoten	Je kleiner $\lvert x \rvert$ wird, desto größer wird $\lvert x^n \rvert$ mit $x^n > 0$. Je größer $\lvert x \rvert$ wird, desto kleiner wird $\lvert x^{-n} \rvert$.	
Symmetrie		punktsymmetrisch zum Ursprung
gemeinsame Punkte		

b) Zeichne die Graphen von $x \to a \cdot x^{-n}$, $n \in \mathbb{N}$, $a \neq 0$, in das zugehörige Koordinatensystem. Beachte die Auswirkungen von a.

Graphen für:

$f(x) = x^{-2}$

$g(x) = x^{-3}$

$h(x) = -x^{-2}$

$i(x) = -x^{-3}$

$j(x) = -0{,}5\,x^{-4}$

$k(x) = 0{,}5\,x^{-3}$

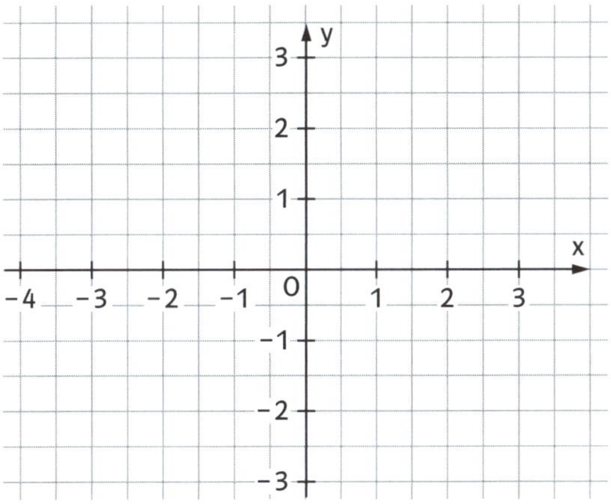

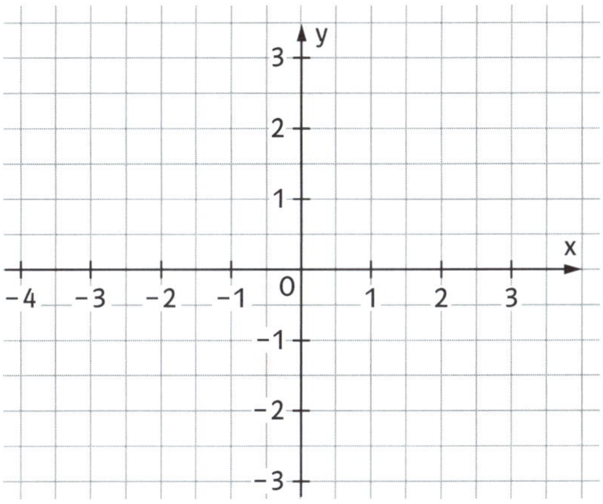

2 Hier sind einige Eigenschaften von Hyperbeln aufgelistet. Ordne die entsprechende Funktion der Eigenschaft mit Pfeilen zu.

$i(x) = -2x^{-3}$

$h(x) = 4x^{-5}$

$f(x) = 3x^{-8}$

$g(x) = 2x^{-3}$

$j(x) = -4x^{-4}$

1 | Die y-Achse ist die Symmetrieachse.

2 | Der Punkt P(1|4) ist Punkt des Graphen.

3 | Der Graph nähert sich für immer kleinere x von unten der x-Achse an.

4 | Der Graph ist bei $x = -5{,}5$ oberhalb der x-Achse.

3 a) Gegeben sind die Funktionen $x \to \frac{1}{3}x^2$ und $x \to -3x^{-1}$. Fülle zunächst die Tabelle aus und zeichne die Graphen, ohne weitere Punkte zu berechnen.

x	$\frac{1}{3}x^2$	$-3x^{-1}$
1		
2		
3		
4		

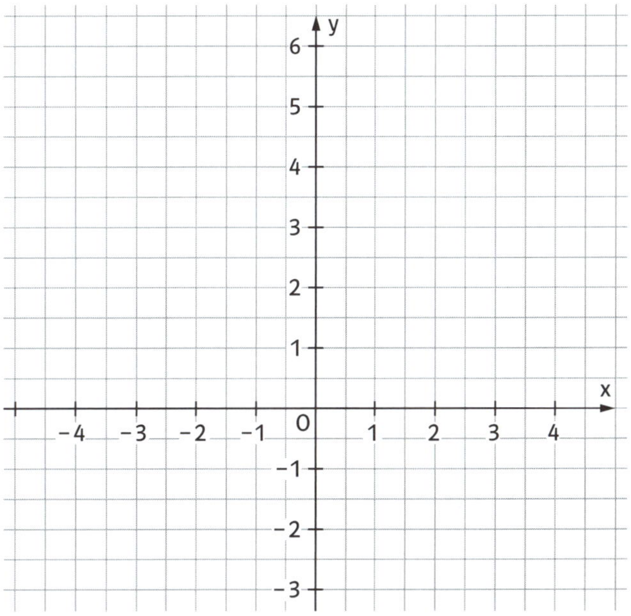

b) Berechne den Schnittpunkt der beiden Graphen.

1 Ausgehend von der Normalparabel erhält man die Wurzelfunktion, indem man jeden Punkt an der Funktion $f(x) = x$ (1. Winkelhalbierende) spiegelt. Spiegle zunächst die Punkte C, D, E und F an der eingezeichneten Achse. Was fällt dir bei den Punkten C und D auf? Verbinde die gespiegelten Punkte zu einem Graphen. Trage dazu die Koordinaten der Punkte und der gespiegelten Punkte in die Tabelle ein.

	Parabel		Wurzel		
	x	y	x	y	
A	2	4		2	A′
B	3		9		B′
C	0	0			C′
D	1	1			D′
E					E′
F					F′
G	a	b			G′

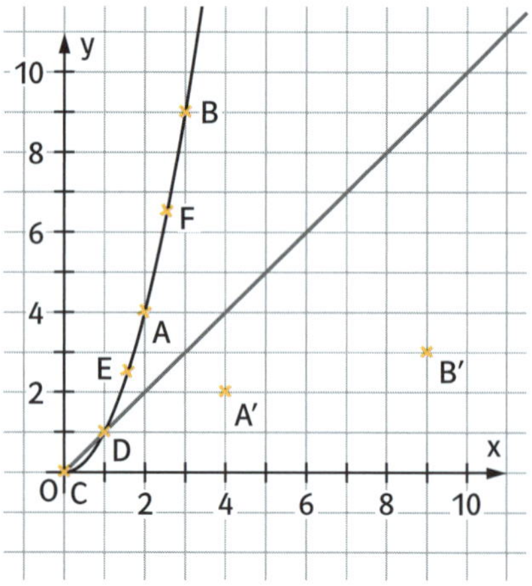

Spiegelt man den Punkt P(a | b) an der Winkelhalbierenden, so erhält man den Punkt P′(_____ | _____).

2 a) Skizziere zu den Funktionsgraphen f und g die Umkehrfunktionen. Zeichne zunächst die Winkelhalbierenden des ersten und des dritten Quadranten ein.

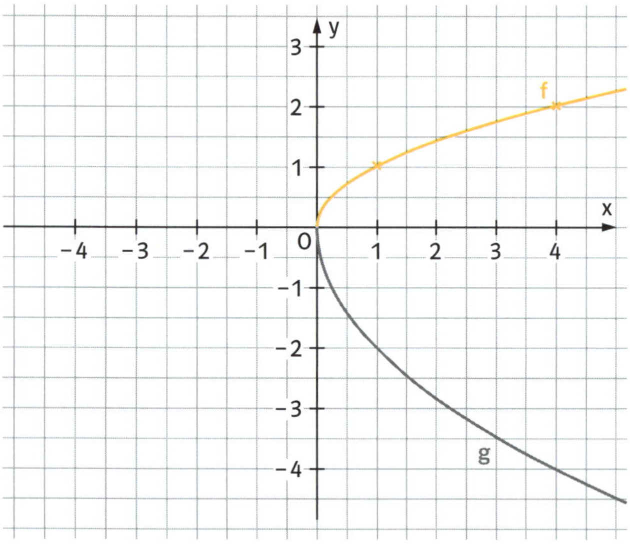

b) Gib zu den abgebildeten Funktionen die Funktionsterme an. Überlege, wie der Graph von g aus dem von f entstanden sein könnte. Wie lauten die Vorschriften für die Umkehrfunktionen?
Gib auch die Definitionsmengen der Funktionen an.

D_f = __________ D_g = __________

f: x → _____ (x ≧ 0) g: x → _____ _____

Bestimmung der Umkehrfunktionen
Tausch der Variablen:

$x = \sqrt{y}$ $x = -2\sqrt{y}$

Auflösung nach y:

__________ __________

$\bar{f}$: x → _____ (x _____) $\bar{g}$: x → _____ _____

3 In dem Koordinatensystem sind Potenzfunktionen dargestellt.

a) Ordne die entsprechenden Funktionsvorschriften den Graphen zu.

☐ : $x \to x^1$ ☐ : $x \to x^{1,5}$ ☐ : $x \to x^2$

☐ : $x \to x^{0,5}$ ☐ : $x \to x^4$ ☐ : $x \to x^{0,25}$

b) Der Graph der Funktion $g: x \to x^{\frac{1}{3}}$ verläuft für $x > 1$ zwischen den Graphen von _____ und _____.

c) Der Graph der Funktion $h: x \to x^{\frac{5}{4}}$ verläuft für $x > 1$ zwischen den Graphen von _____ und _____.

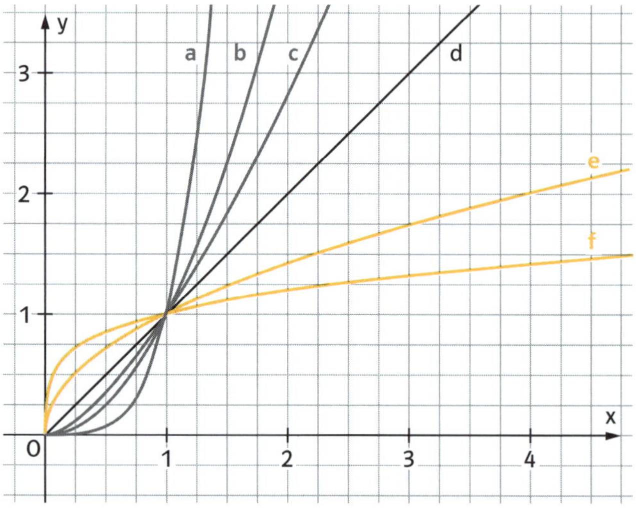

1 Die Gleichung $3 = x^{0,5}$ kann man grafisch lösen.

a) Zeichne den Graphen der Potenzfunktion f mit $f(x) =$ ______ in ein Koordinatensystem.

b) Zeichne den Graphen der Funktion g mit $g(x) = 3$ in dasselbe Koordinatensystem.

c) Lies den Schnittpunkt ab: P(______ | ______)

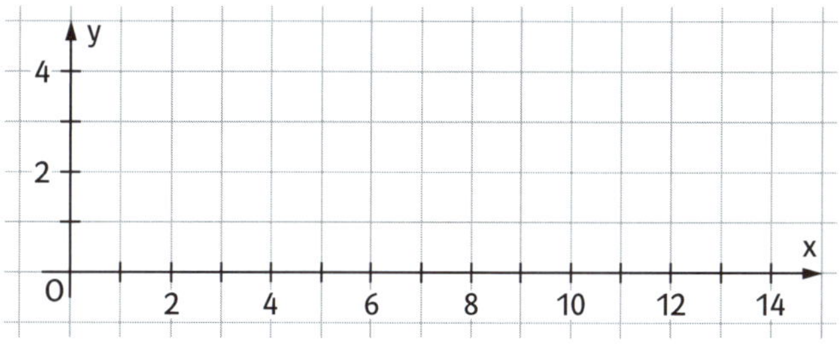

2 a) Berechne die Lösung der Gleichungen
(1) $0,5x^4 = 2$ und (2) $2x^3 = -1$.

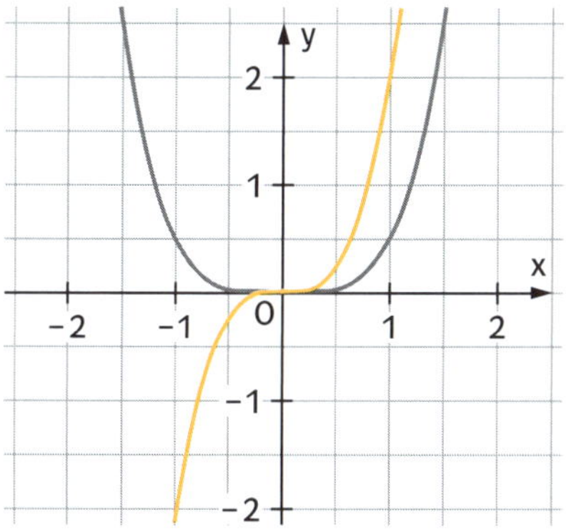

b) Veranschauliche die Lösungen anhand der gegebenen Graphen.

3 Berechne die Nullstelle(n) von f mit $f(x) = (3x + 2)^5 - 32$.

4 Schreibe die Wurzel als Potenz und löse die Gleichung.

a) $\sqrt[4]{x - 5} = 3$

b) $3 + \sqrt[3]{x^4} = 9$

5 Löse die Gleichung $x^{-1} = \frac{1}{3}x - 1$ zunächst grafisch und führe danach eine Probe durch (Rechnung).

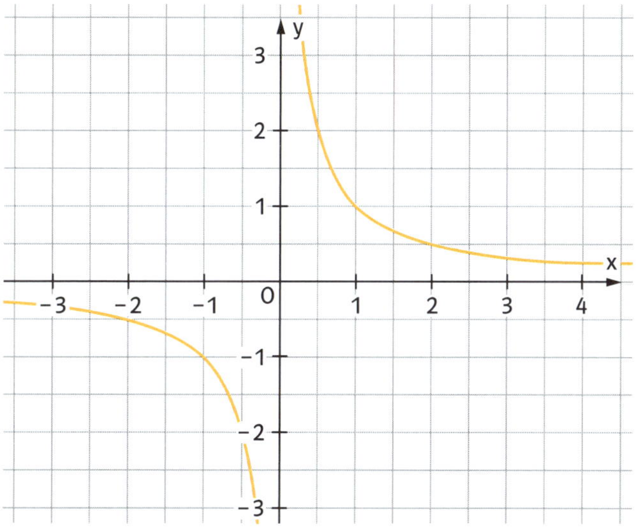

6 Kreuze die Gleichungen an, die keine (!) Lösung haben. Interpretiere hierzu die Terme rechts und links des Gleichheitszeichens als Funktionen und überlege, wie deren Graphen laufen.

a) $x^2 = -1 - x^4$ ☐

b) $2x^2 = \frac{1}{x^3}$ ☐

c) $\frac{1}{x^2} = \frac{-2}{3x^3}$ ☐

d) $-x = \frac{4}{x^5}$ ☐

e) $8x^3 = \frac{-2}{x^5}$ ☐

f) $17x^6 = 9x^{11} + 1$ ☐

Exponentialgleichungen und Logarithmen (1)

1 Löse die Gleichungen. Markiere alle Gleichungen, die Exponentialgleichungen sind, farbig.

a) $x^3 = 125$; $x =$ ______ b) $81^{0,5} = x$; $x =$ ______

c) $216^{\frac{1}{3}} = x$; $x =$ ______ d) $25^x = 5$; $x =$ ______

e) $10^2 = x^1$; $x =$ ______ f) $3^x = 81$; $x =$ ______

g) $2^x = 1024$; $x =$ ______ h) $x^2 = 6{,}25$; $x =$ ______

i) $x^{0,5} = 1{,}3$; $x =$ ______ j) $x^6 = 18{,}2$; $x =$ ______

2 Forme den Term um und ermittle ohne Taschenrechner die Lösung.

a) $2^x = 512$
$2^x = 2^9$
$x = 9$

b) $32^x = 2$
$2^{\square} = 2^1$
$x =$ ______

c) $125^x = \frac{1}{5}$
$5^{\square} =$ ______
$x =$ ______

d) $216 = (2 \cdot 3)^x$
______$^{\square} =$ ______
$x =$ ______

3 Löse die folgenden Gleichungen geschickt.

a) $5^x = 20^x$ $x =$ ______

b) $25^x = 0{,}04$ ______

c) $12^x = 6^x \cdot 2^x$ ______

d) $1{,}\overline{3}^x = 0{,}75^x$ ______

4 Man kann die Lösungen der Exponentialgleichung auch durch eine obere und eine untere Grenze abschätzen.
Zwischen welchen beiden natürlichen Zahlen liegt die Lösung?

a) $4^x = 65{,}8$
$4^3 = 64$
$4^4 = 256$
______ $< x <$ ______

b) $10^x = 3450$
$10^{\square} =$ ______
$10^{\square} =$ ______
______ $< x <$ ______

c) $4^x = 3450$
______ = ______
______ = ______
______ $< x <$ ______

d) $3^x = 210$
______ = ______
______ = ______
______ $< x <$ ______

5 Bei einer Bank bekommt man für einen Betrag von 11 000,00 € einen Zinssatz von 3,25 %. Die Zinsen werden jährlich mitverzinst und nicht abgehoben.
Lisa behauptet: „Dann habe ich also nach fünf Jahren 12 787,50 €." Felix widerspricht: „Ich habe nach fünf Jahren 12 907,53 €." Julia merkt an: „Im 22. Jahr hat sich das Geld verdoppelt."
Was sagst du zu den drei Behauptungen?

____

____

____

Exponentialgleichungen und Logarithmen (2)

1 Die Gleichung $1{,}5^x = 6$ kann man grafisch lösen.

a) Das Schaubild zeigt den Graphen der Exponentialfunktion f mit $f(x) =$ ______.

b) Zeichne den Graphen der Funktion g mit $g(x) = 6$ in dasselbe Koordinatensystem.

c) Lies den Schnittpunkt ab: P(______ | ______).

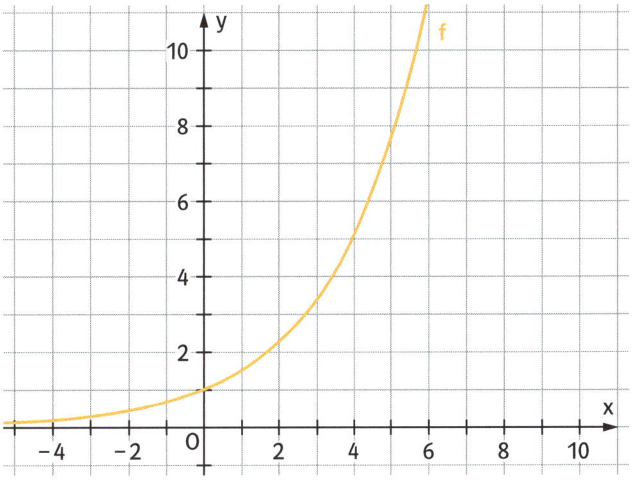

2 a) Löse die Gleichung $2^{-x} = 2 \cdot x + 2$ mithilfe der Grafik des Koordinatensystems.
Führe danach eine Probe durch und löse die Gleichung mithilfe des GTR.

Schnittpunkt P(______ | ______)

Probe:

linke Seite: ______

rechte Seite: ______

b) Löse die Gleichung $2^{-x} = 1 + 3^x$.
Zeichne den Verlauf der noch fehlenden Funktion in das Koordinatensystem ein. Verwende deinen GTR.

x = ______ y = ______

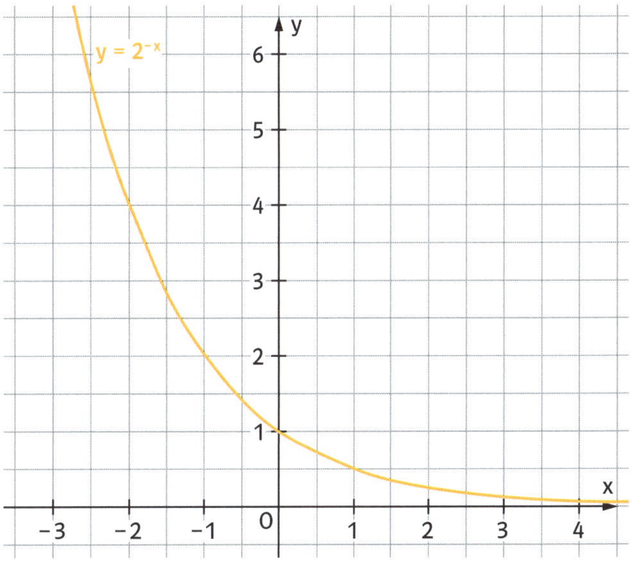

3 Löse die Exponentialgleichungen. Runde die Ergebnisse auf zwei Nachkommastellen.

a) $3^x = 11$

$x = \log_3(11)$

$x = \frac{\log(11)}{\log(3)}$

$x \approx 2{,}18$

b) $3 \cdot 2^x = 4$

______

$x = \log_{\square}\left(\frac{4}{3}\right)$

$x \approx$ ______

c) $1{,}44^x = 1{,}3^{x+1}$

$\frac{1{,}44^x}{1{,}3^x} =$ ______

______

$x = \log_{\square}$ ______

$x \approx$ ______

d) $6 \cdot 5^{2x} = 4 \cdot 3^x$

$6 \cdot (5^2)^x = 4 \cdot 3^x$

______

$x = \log_{\square}$ ______

$x \approx$ ______

4 Löse die Gleichungen.

a) $\log_b(49) = 2$

______

b = ______

b) $\log_b(\sqrt{625}) = 1{,}5$

______

b = ______

c) $\log_3(x) = 4$

______

x = ______

d) $\log_{10}(x) + 6 = 2$

______

x = ______

Fülle die Lücken. Für jeden Buchstaben findest du einen Strich. Löse danach die Beispielaufgaben.

Potenzfunktionen mit ganzzahligen Exponenten

Eine Funktion der Form $f: x \to a \cdot x^n$ ($a \neq 0$; $n \in \mathbb{N}$, $n > 0$) nennt man Potenzfunktion n-ten ________.

Für $n > 1$ nennt man die Funktion ________ n-ter Ordnung.

■ Ordne den Graphen die Funktionsterme zu.

___ $x \to x^2$

___ $x \to 0{,}5x^2$

___ $x \to 2x^2$

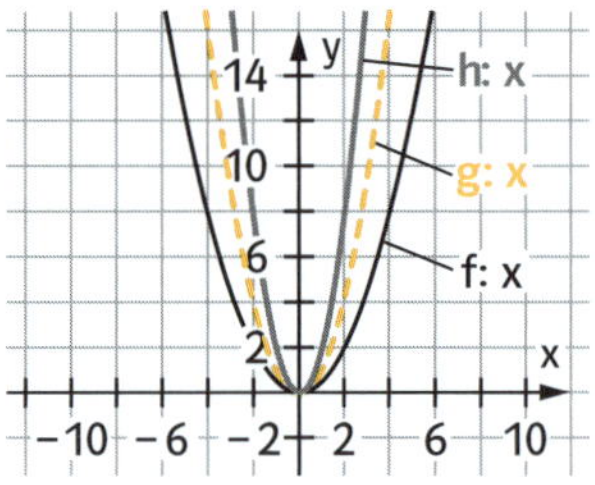

Für natürliche Zahlen $n > 0$ und $a \neq 0$ nennt man den Graphen $f: x \to a \cdot x^{-n}$ eine _________ n-ter Ordnung.

- Ist der Exponent n eine ______ Zahl, so ist f achsensymmetrisch zur y-Achse: $f(-x) = f(x)$.
- Ist der Exponent n eine ungerade Zahl, so ist f __________________ zum Ursprung $(0 \mid 0)$: $f(-x) = -f(x)$.

■ Ordne den Graphen die Funktionsterme zu.

___ $x \to (-2) \cdot x^3$ ___ $x \to 0{,}2 \cdot x^7$

___ $x \to 2 \cdot x^{-3}$ ___ $x \to x^{-8}$

■ Welche Graphen sind achsensymmetrisch? ___

■ Welche Graphen sind punktsymmetrisch? ______________

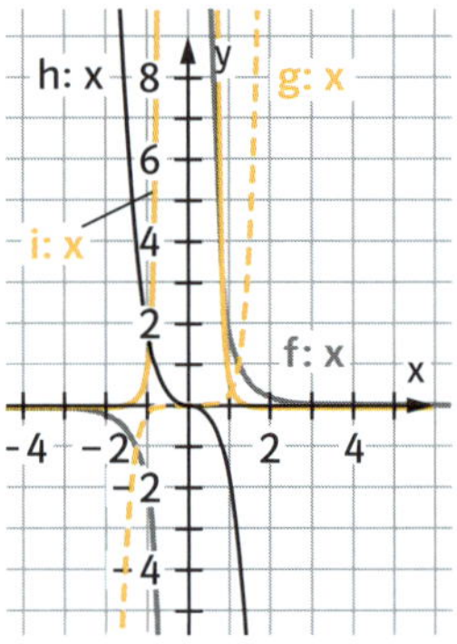

Funktion und Umkehrfunktion

Man erhält die Umkehrfunktion $\bar{f}$ zur Funktion f, indem man den Graphen an der _____________________ des ersten Quadranten spiegelt. Rechnerisch muss man die Variablen der Funktionsgleichung f vertauschen und nach y umformen.

■ Bestimme die Umkehrfunktion zu a) $f: x \to 0{,}2 \cdot x^5$ und b) $g: x \to 2x + 5$.

a) $\bar{f}: x = 0{,}2 \cdot y^5$ | ______ b) $\bar{g}: x = 2 \cdot y + 5$ | ______

$\bar{f}: \frac{x}{0{,}2} = y^5$ | ______ $\bar{g}: x - 5 = 2 \cdot y$ | ______

$\bar{f}: y = \sqrt[5]{\frac{x}{0{,}2}}$ $\bar{g}: y =$ ______

Wurzelfunktionen

Beschränkt man die Potenzfunktion $f: x \to x^n$ ($n \in \mathbb{N}$, $n \neq 0$) auf Werte mit $x > 0$, so besitzt sie eine spezielle Umkehrfunktion, die Wurzelfunktion $\bar{f}: x \to$ oder $x \to \sqrt[n]{x}$ ($x \geq 0$).

■ Bestimme bei der Potenzfunktion f den Faktor a.

$f: x \to a \cdot x^2$; ______________

■ Bestimme die Umkehrfunktion zu f.

$\bar{f}: x \to$ ______________

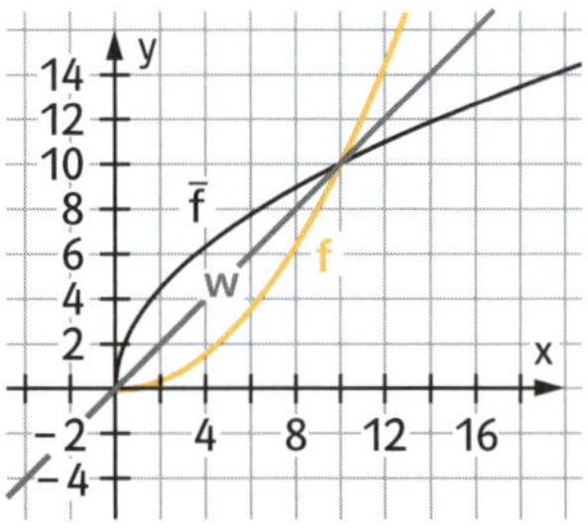

Potenzgleichungen

Potenzgleichungen der Form $x^n = a$ ($n \in \mathbb{N}$, $n \geq 0$, $a \in \mathbb{R}$) haben zwei Lösungen, genau ein Lösung oder gar keine Lösung.

Gleichung	Lösungsgleichung	Lösung	Probe
■ $x^6 = 64$	$x = \pm\sqrt[6]{64}$		$2^6 = 64$ $(-2)^6 = 64$
■ $x^3 = 0$	$x = \sqrt[3]{0}$		

Logarithmen

Gleichungen der Form $b^x = a$ ($a, b > 0$; $b \neq 1$) haben genau eine Lösung, die man als Logarithmus von a zur Basis b bezeichnet. Kurzschreibweise: $\log_b(a)$.
Für das Rechnen mit Logarithmen gilt:
$\log_b(a^q) = q \cdot \log_b(a)$; $\log_b(a) = \frac{\lg(a)}{\lg(b)}$ ($a, b > 0$, $b \neq 1$)

■ Berechne.

$4^x = 64 \to x = \log_4(64) = \log_4(4^3) =$ ______,

denn $2^{\square} = 65236$

1 Kreise von den gegebenen rationalen und irrationalen Zahlen diejenigen Zahlen ein, die zwischen den natürlichen Zahlen 1 und 2 liegen. Die Zahlen 1 und 2 sind dabei ausgeschlossen.

$\frac{6}{7}$ $\sqrt{3}$ $\frac{7}{6}$ $1,\overline{9}$ $\frac{190}{95}$ $\frac{190}{90}$ $\sqrt{3,\overline{9}}$ $\sqrt{2}$ $\frac{180}{95}$ $\sqrt{6}$ $\sqrt{4}$ $1,\overline{01}$ $\sqrt{5}$

2 Vereinfache die Terme, indem du zunächst teilweise die Wurzel ziehst. Gib anschließend einen Näherungswert mit zwei Stellen nach dem Komma an.

a) $5 \cdot \sqrt{45} + 3 \cdot \sqrt{80}$ = ____________

= ____________ ≈ ____________

b) $\sqrt{147} - \sqrt{343}$ = ____________

= ____________ ≈ ____________

3 Bestimme alle reellen Zahlen x, die die folgende Gleichung erfüllen. Gib gegebenenfalls einen Näherungswert mit zwei Stellen nach dem Komma an.

a) $x^2 = 5$ b) $x^2 = 200$ c) $x^2 = 441$ d) $x^2 = -9$

x = ____ ≈ ________ x = ________ x = ________ x = ________

x = ____ ≈ ________ x = ________ x = ________ x = ________

4 Bestimme die Wurzel ohne Taschenrechner, indem du den Radikanden zerlegst.

a) $\sqrt{1225}$ = ____________

b) $\sqrt{1521}$ = ____________

5 Mache die Nenner rational.

a) $\frac{11}{\sqrt{7}}$ = ____________

b) $\frac{7}{\sqrt{7}}$ = ____________

6 Berechne die Höhe x des Trapezes sowie seinen Flächeninhalt.

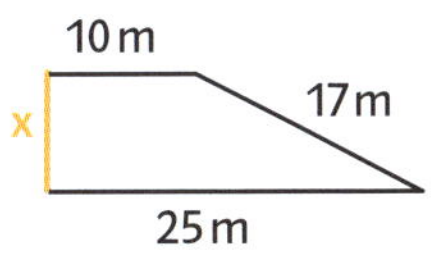

x = ________ m Flächeninhalt A = ________ m^2

7 Das gleichschenklige Dreieck hat einen Flächeninhalt von 16 cm^2. Berechne die Höhe h und die Länge der Schenkel s.

h = ____________ cm

s ≈ ____________ cm

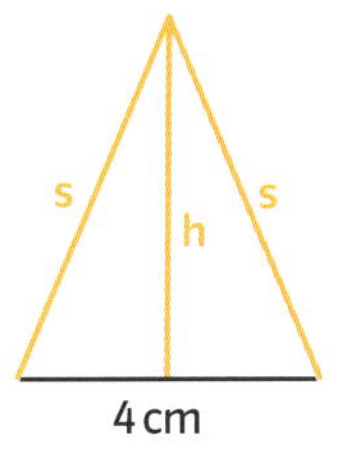

8 Verwandle das gleichschenklige Dreieck mit der Basis b = 4 cm und der Höhe h = 3 cm schrittweise in ein flächengleiches Quadrat.

I Das Dreieck wird in ein flächeninhaltgleiches Rechteck mit den Seitenlängen ______ cm und ______ cm umgewandelt (gestrichelt).

II Die Höhe h wird ____________ abschnitt eines rechtwinkligen Dreiecks (orange).

III Die Verlängerung von h nach oben wird die Höhe des rechtwinkligen Dreiecks.

IV Der ________ kreis über $\overline{AB}$ liefert den Eckpunkt C.

V Mithilfe des ____________ satzes findet man das flächengleiche Quadrat. Zeichne es ein.

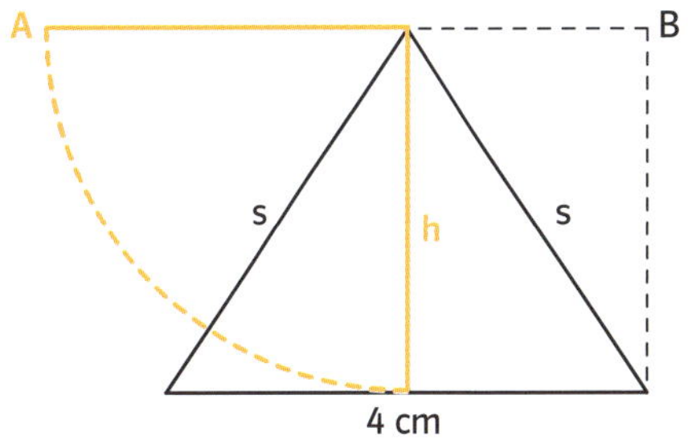

9 Strecke das Trapez mit dem Streckfaktor 0,5 und dem Streckzentrum S. Das ursprüngliche Trapez hat den Flächeninhalt ________ cm^2, das verkleinerte Bild den Flächeninhalt ________ cm^2.

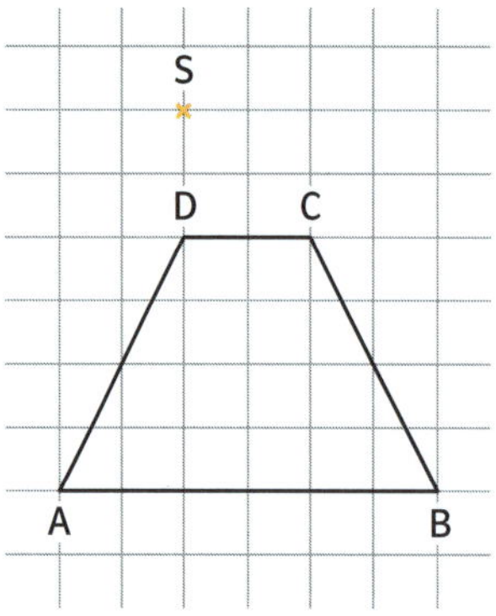

10 Berechne die fehlenden Seitenlängen.

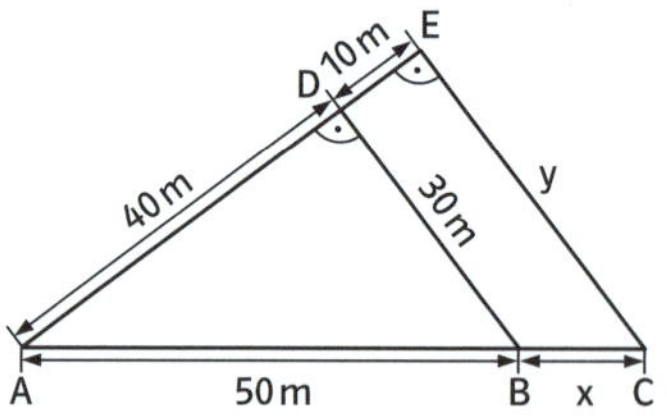

11 Füge die Nummern aus der ersten Tabellenzeile an den entsprechenden Stellen des gezeichneten Boxplots ein. Ergänze dann die fehlenden Werte in der Tabelle.

a)

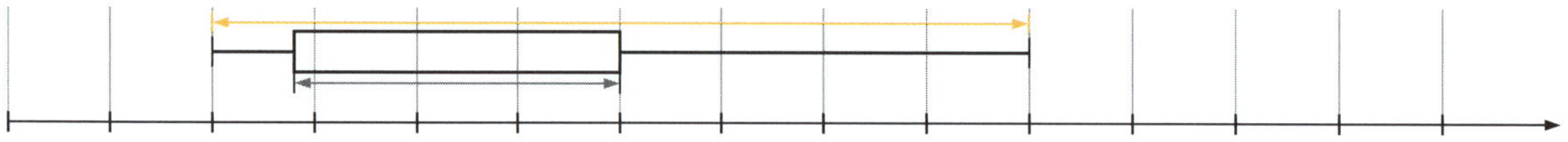

b)

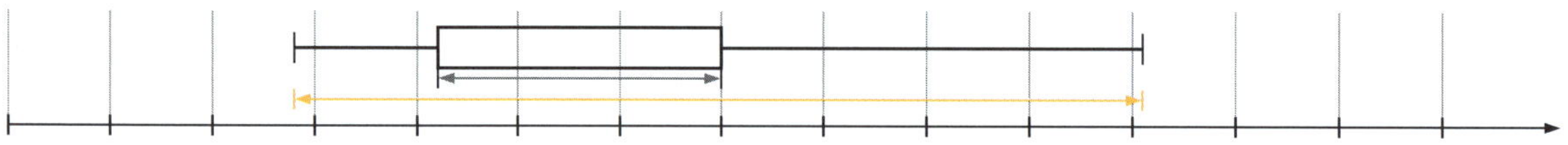

	(1) Minimum	(2) unteres Quartil	(3) oberes Quartil	(4) Maximum	(5) Quartil-abstand	(6) Spannweite
a)	10	14	30	50		
b)			3,5	5,6	1,4	4,2

Viertel eines Boxplots = Quartil

12 Trage die fehlende quadratische Ergänzung ein und bringe die Funktionsgleichung in Scheitelform.

a) $y = x^2 - 16x + 44$

$y = x^2 - 16x + 8^2 - 8^2 + 44$

$y = (x - 8)^2 - 20$

b) $y = x^2 + 14x$

y = ________

y = ________

c) $y = 2x^2 - 4x + 22$

$y = 2(x^2 - 2x$ ________ $) + 22$

$y = 2((x$ ______ $)^2$ ________ $)$ ______

y = ________

d) $y = -\frac{1}{2}x^2 - \frac{1}{4}x$

$y = -\frac{1}{2}\left(x^2 + \frac{1}{2}x\right.$ ________ $\left.\right)$

$y = -\frac{1}{2}((x$ ______ $)^2$ ________ $)$

y = ________

13 Löse die Gleichung rechnerisch. Wandle gegebenenfalls erst in die Normalform um.

a) $x^2 - 2x + 1 = 0$

____

p = ______, q = ______

$x_{1,2}$ = ________

x_1 = ______ und x_2 = ______

b) $0{,}5z^2 + 4z + 7{,}5 = 0$

____

p = ______, q = ______

$z_{1,2}$ = ________

z_1 = ______ und z_2 = ______

c) $-x^2 - 7x + 4 = x^2$

____

____

p = ______, q = ______

$x_{1,2}$ = ________

x_1 = ______ und x_2 = ______

14 Ergänze die Tabelle.

		Übersetzung der Einheit	wissenschaftliche Schreibweise	Dezimalschreibweise
a)	Wellenlänge von Schwarzlicht: 350 nm			
b)	Dicke eines Haares: 0,12 mm			
c)	Luftdruck am Nanga Parbat: 350 hPa			
d)	Leistung des größten Wasserkraftwerks: 18 200 MW			

15 Ergänze.

a) $a^2 \cdot a^{-3} = a^{\square}$ b) $(b^5)^{\square} = b^{10}$

c) $\frac{c^4}{c^{\square}} = c^6$ d) $(d^{\square})^3 = d^{-6}$

e) $r^8 \cdot r^{\square} = r^5$ f) $s^{\square} : s^5 = s^{-7}$

16 Markiere Kärtchen mit gleichem Wert in derselben Farbe.

$\sqrt[5]{7^4}$ | $\sqrt[4]{7^{-5}}$ | $\sqrt[4]{\frac{1}{7^5}}$ | $-7^{\frac{4}{5}}$ | $7^{-\frac{5}{4}}$ | $\sqrt[5]{7^{-4}}$

$\sqrt[5]{\left(\frac{1}{7^4}\right)}$ | $(\sqrt[5]{7})^4$ | $7^{\frac{4}{5}}$ | $-\sqrt[5]{7^4}$ | $7^{0,8}$ | $7^{-\frac{4}{5}}$

17 Welche der folgenden Zuordnungsvorschriften stellen Potenzfunktionen dar? Unterstreiche sie.

a: $x \to 5x^4$; b: $x \to x^x$;

c: $x \to \sqrt{2}\,x^{\sqrt{4}}$; d: $x \to x^3 \cdot \sqrt{x}$

18 Ergänze die folgenden Punkte so, dass sie auf dem Graphen der Funktion $c: x \to 0{,}25 \cdot x^{-4}$ liegen.

$P(0{,}5 \mid \_\_\_\_)$ $Q\left(\_\_\_\_ \mid \frac{1}{1024}\right)$

19 Bestimme die Lösungsmengen der Potenzgleichungen.

a) $(x + 3)^3 = 27$ b) $(3x - 1)^4 = 81$ c) $(3 - 2a)^5 = 32$ d) $\sqrt[3]{x^4} = 5$

L = { ____ } L = { ____ } L = { ____ } L = { ____ }

20 Ordne den Graphen in der Figur die entsprechende Gleichung zu.

$f(x) = -2x^3$ $h(x) = 0{,}1x^4$ $g(x) = 3x^{-1}$ $k(x) = -0{,}5x^{-2}$

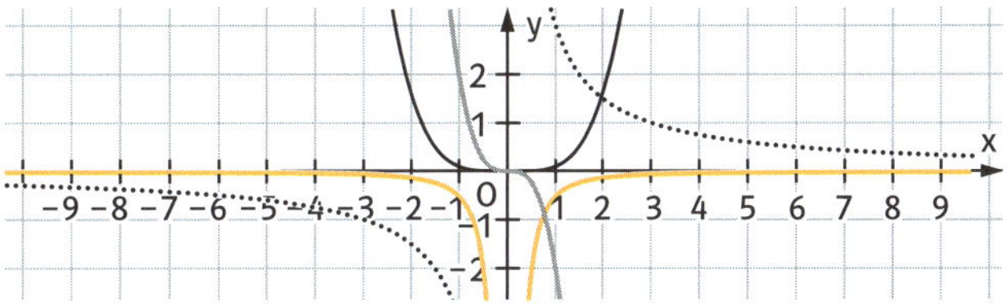

21 Bestimme die Lösung für x ohne Taschenrechner.

a) $2^x = 128$ x = ____

b) $10^x = 0{,}001$ x = ____

c) $4^x = \frac{1}{256}$ x = ____

d) $5^{-4x} = \frac{1}{25}$ x = ____

22 Berechne im Kopf.

a) $4^{\frac{3}{2}} =$ ____ b) $36^{-0{,}5} =$ ____

c) $\left(\frac{1}{64}\right)^{\frac{1}{2}} =$ ____ d) $8^{\frac{2}{3}} =$ ____

23 Vereinfache.

a) $x^{\frac{4}{5}} : x^{-\frac{1}{5}} =$ ____ b) $\left(y^{-\frac{5}{8}}\right)^{\frac{1}{5}} =$ ____ c) $(3^z \cdot 12^z)^{0{,}5} =$ ____

d) $r^{0{,}3} : r^{-2} =$ ____ e) $\left(s^3 \cdot s^{\frac{1}{4}}\right)^4 =$ ____ f) $\left(\sqrt{2}^{\sqrt{2}}\right)^{\sqrt{2}} =$ ____

Register

Die Seitenangaben in Schwarz verweisen auf die Lerneinheit, die in Orange auf den Merkzettel.